供电企业7S+现场管理目视化手册

广州供电局有限公司 编

中国水利水电出版社
www.waterpub.com.cn
·北京·

内 容 提 要

本书是精益管理丛书之一。根据广州供电局有限公司 7S$^+$ 样板示范区建设的实战经验，按照可操作、可推广的原则，对办公区、输电生产区、变电生产区、配电生产区、客户服务区、基建施工区、仓储区、工器具区、监控中心区、实验区、机房区、培训区、食堂区等区域相关目视化标准进行整合规范。其中包含了大量的实践案例、图片和工具，文字简洁易懂、指导性强，对供电企业各级机构推行 7S$^+$ 现场管理提供了清楚明了、丰富翔实、直观生动的案例。

本书可作为供电企业相关从业人员的培训和参考用书，也可为其他行业的精益化管理提供参考借鉴。

图书在版编目（CIP）数据

供电企业7S$^+$现场管理目视化手册 / 广州供电局有限公司编. -- 北京 : 中国水利水电出版社, 2017.10
（精益管理丛书）
ISBN 978-7-5170-6095-6

Ⅰ. ①供… Ⅱ. ①广… Ⅲ. ①供电—工业企业管理—中国—手册 Ⅳ. ①F426.61-62

中国版本图书馆CIP数据核字(2017)第295125号

书　　名	精益管理丛书 **供电企业 7S$^+$ 现场管理目视化手册** GONGDIAN QIYE 7S$^+$ XIANCHANG GUANLI MUSHIHUA SHOUCE
作　　者	广州供电局有限公司　编
出版发行	中国水利水电出版社 （北京市海淀区玉渊潭南路 1 号 D 座　100038） 网址：www. waterpub. com. cn E - mail：sales@waterpub. com. cn 电话：（010）68367658（营销中心）
经　　售	北京科水图书销售中心（零售） 电话：（010）88383994、63202643、68545874 全国各地新华书店和相关出版物销售网点
排　　版	中国水利水电出版社微机排版中心
印　　刷	北京博图彩色印刷有限公司
规　　格	184mm×260mm　16 开本　13.5 印张　320 千字
版　　次	2017 年 10 月第 1 版　2017 年 10 月第 1 次印刷
印　　数	0001—2200 册
定　　价	**138.00** 元

编写委员会

主　任　甘　霖

副主任　胡　帆

编写组

组　长　刘育权

副组长　李媛媛　吴国沛　饶　毅　温继根　林金洪　周　纯　罗贤福　邵国栋　许永丰　吴志刚　卢廷杰

编写人员　张　翀　温　涛　李　果　凌　颖　黄林泽　郭润凯　陈　凯　徐　钦　江小昆　徐　敏　胡　璇　张梦慧　张　洁　滑　洋　谭俊明　李亨尔　李小佳　张伟欣　周　毅　张雪莲

审查人员　陈　威　张群峰　李科照　黎国俊　吴江苇　陈　畅　何　曦　杨冬婷　刘　丽　彭　政

序

精益管理始于现场，落脚于现场。它最早是日本企业基于现场、现物、现实持续改进的精益生产模式，后来延伸到企业的各项管理业务，并逐步上升为战略管理理念，在国内外诸多企业得到了成功应用。2016年，南方电网公司全面推行精益管理，通过导入“消除浪费、创造价值、持续改善、精益求精”的精益理念，推动企业战略目标的实现。在南方电网公司的统一部署下，广州供电局随后全面启动了精益管理工作，并率先开展了7S$^+$管理等探索，样板先行、分批推广，着力走出适合供电企业一线实际的精益管理之路。

7S$^+$管理是在5S管理的基础上发展完善而来。5S即整理、整顿、清扫、清洁、素养，兴起于日本，被广泛应用于制造业、服务业等行业，在节约成本、保障服务、塑造企业形象和现场改善等方面发挥了巨大作用。对供电企业而言，安全是生命线，节约是降低成本的重要手段。为此，南方电网公司增加了“安全”和“节约”，形成了“7S”。在此基础上，广州供电局基于“人民电业为人民”的企业宗旨和“以客为尊，和谐共赢”的服务理念，进一步将7S管理与“服务”相结合，最终形成了具有供电企业特色的7S$^+$管理。7S$^+$管理从最简单的整理、整顿、清扫入手，消除安全生产、客户服务等过程中的各类损耗浪费，通过持续改善，使工序简洁化、人性化、标准化，做到现场干净、整洁，确保作业安全、高效。同时，通过实践7S$^+$管理，使员工养成良好的行为习惯，从而获得全面的素质提升，推动企业最终实现人的精益化。

一年多来的实践证明，7S$^+$管理在提升供电企业安全保障能力、降低生产经营成本、激发员工自主改善、营造良好生产环境等方面效果明显。广州供电局认真总结了推行7S$^+$管理的实践经验，组织编撰了《供电企业7S$^+$现场管理目视化手册》一书，结合行业实际，汇集了丰富的现场改善案例，运用图文并茂的目视化形式，为 $7S^+$ 现场管理提供形象、直观、可参考、可复制的指引。

希望本书的出版能为 $7S^+$ 管理在广州供电局、南方电网公司乃至整个供电行业的推广应用提供有益帮助、发挥重要推动作用。

广州供电局有限公司 党委书记、董事长　甘霖

2017 年 10 月

目录
CONTENTS

第3章 办公区 $7S^+$ 目视化标准

第4章 输电生产区 $7S^+$ 目视化标准

第5章 变电生产区 $7S^+$ 目视化标准

第6章　配电生产区7S⁺目视化标准

第7章　客户服务区7S⁺目视化标准

第8章　基建施工区7S⁺目视化标准

第9章 仓储区 $7S^+$ 目视化标准

第 10 章　工器具区 7S$^+$ 目视化标准

第 11 章　监控中心区 7S$^+$ 目视化标准

第 12 章　实验区 7S$^+$ 目视化标准

第 13 章　机房区 7S$^+$ 目视化标准

第 14 章 培训区 7S⁺ 目视化标准

第 15 章 食堂区 7S⁺ 目视化标准

第1章 总纲

1.1 总则

1.1.1 编写目的

为提高供电企业 7S^{+} 现场管理水平，规范相关实施标准，为供电企业推广 7S^{+} 现场管理提供目视化规范，特编制本手册。

1.1.2 适用范围

本书内容适用于供电企业推行 7S^{+} 现场管理的各部门、单位和班站所。

1.2 引用标准及文件

南方电网公司企业标准《变电站安健环设施标准》（Q/CSG 1 0001—2004）。

南方电网公司企业标准《架空线路及电缆安健环设施标准》（Q/CSG 1207002—2016）。

南方电网公司企业标准《配电网安健环设施标准》（Q/CSG 1207001—2015）。

《广州供电局电力隧道安健环设施安装指引（试行）》（广供电生部 2017〔41〕号）。

1.3 术语和定义

1.3.1 7S^{+} 管理

7S^{+} 是以“整理（SEIRI）、整顿（SEITON）、清扫（SEISO）、清洁（SEIKETSU）、素养（SHITSUKE）、安全（SAFETY）、节约（SAVE）”为内容，增加电网特色“服务（SERVICE）”的现场管理理念和方法。

（1）整理。指按必需与否将物品进行分类，尽快处理不必要物，目的是提高效率，防止误用。推行要点在于制定相关标准鉴别必要物和不必要物。

（2）整顿。指将必需品依照规定位置分门别类排列好，明确数量和标识，目的是节约时间，物品易于取放。推行要点在于“三定三要素”。

(3) 清扫。指清除工作现场的垃圾，并防止污染的发生，目的是从根源消除脏污，保持现场干净明亮、设备状态良好。推行要点在于杜绝污染源，定期点检。

(4) 清洁。指将前3S的成果制度化、规范化，贯穿日常行为，目的是通过制度维持成果，发现异常所在。推行要点在于形成标准，落实责任。

(5) 素养。指通过前4S的改善让员工养成良好习惯，目的是实现人的精益，培养对任何工作都讲究认真的人。推行要点在于转变意识，形成习惯。

(6) 安全。指消除事故隐患、排除险情，保障电网、设备、人身等安全，目的是创造安全的环境，确保生产正常进行。

(7) 节约。指全员参与，减少浪费，优化流程，降低成本，目的是建立高效的盈利系统，让企业具备更强的竞争优势。

(8) 服务。指结合电网特色，对7S的进一步拓展。

1.3.2 “三定三要素”

(1) 三定。指定点、定容、定量。定点是明确具体的放置位置，定容是明确使用的容器的大小、材质，定量是规定合适的数量。

(2) 三要素。指场所、方法和标识。场所指什么物品应放在哪个区域都要明确，且一目了然；方法指所有物品原则上都要明确其放置方法，如竖放、横放、直角等；标识是使得现场一目了然的前提。

1.4 区域划分

按照电力企业区域特性，划分13个区域，具体名称和区域范围见表1.1。

表1.1 电力企业区域划分

序号	区域名称	区域范围
1	办公区	包括各专业部门、基层单位、班站所的办公场所
2	输电生产区	包括电缆线路等生产区域
3	变电生产区	包括变电站室内、室外相关生产区域
4	配电生产区	包括配电房等配电生产区域
5	客户服务区	包括营业厅、话务大厅
6	基建施工区	包括主网、配网基建施工生产现场
7	仓储区	包括局下属一级仓库、应急包
8	工器具区	包括工具间、工具柜及安全工器具、用具管理
9	监控中心区	包括调度中心等监控中心区域
10	实验区	包括各单位各类实验室
11	机房区	包括信息、通信等数据机房
12	培训区	包括局培训基地、基层单位培训室等
13	食堂区	包括局本部、基层单位食堂

第2章 基本要求

2.1 基本规范

2.1.1 安健环

按照南方电网公司、广州供电局安健环相关实施标准执行。

2.1.2 定置标识和画线

本手册定置标识和画线按照表2.1规格进行设置，如遇特殊情况，可结合实际对画线规格进行适当调整。

表2.1 定置标识和画线

序号	名称及图例	适用范围	操作方法	规格
1	地面物品定置线（全格）	地面物品定置，除规定放置位置外，同时提醒工作场所内的人员，避免误碰、误触线内存放的物品	用油漆线条或胶带将物品存放区域框起来	（1）80mm油漆或胶带。 （2）安健环规定应配置安全警示线的设备，执行安健环标准
2	地面物品定置线（直角）	不宜用全格或用全格线影响美观的地面物品定置	用L形直角将物品四角定位	80mm油漆或胶带
3	台面并列物品定置线	台面并列物品定置，如并列放置的显示屏、设备等	用标签带将物品存放区域框起来	12mm标签带

续表

序号	名称及图例	适用范围	操作方法	规格
4	台面大型物品定置线	台面大型物品定置，如单独放置的显示器、资料盒等	用标签带定出物品的关键角落	12mm 标签带
5	常移动小物品定置贴 图例 水杯放置区	台面、地面经常移动的物品定置，如水杯、鼠标、垃圾桶等，同时有美观要求，不适合用全格或直角定置线	用杯垫等方式确定物品位置，确保物品不偏离该区域	直径 80mm 标签
6	闭门线	需要明确门口不能堆放物品的、推拉开合的门	用标签带定出推拉门的运动轨迹	40mm × 18mm 标签带
7	近地插座等安全警示定制线	靠近地面的，或人员容易触碰的插座等有安全风险的部位	用黄黑警示胶带将插座框起来	25mm 宽黄黑胶带
8	存量警戒线标识	存量警戒线，提示消耗品用量，红色为即将耗尽，需要立刻补充，黄色为需要及时补充，绿色为充裕	粘贴于消耗品存放区	18mm 宽红、黄、绿胶带

2.2 基础知识

2.2.1 1S：整理

1. 整理的含义

整理是指先区分需要和不需要的物品，再对不需要的物品加以处理。整理的具体含义如图 2.1 所示。

整理的要点如下：

（1）对工作现场摆放和停置的各种物品进行分类，区分什么是现场需要的，什么是现

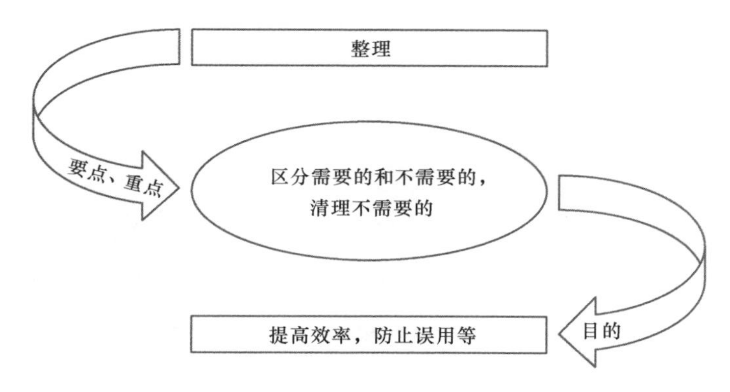

图 2.1 整理的含义

场不需要的。

（2）把现场不需要的东西清理掉，使现场无不用之物。

整理的目的是：使现场无杂物，过道通畅，从而提高工作效率；防止误用；保障生产安全；消除浪费；营造良好的工作环境等。

2. 整理的对象

整理的对象包括现场无使用价值的物品、不使用的物品和造成生产不便的物品，见表 2.2。

表 2.2 整理的对象

对象	内容举例
无使用价值的物品	（1）损坏的工器具、仪表等。 （2）破损的手套、无法使用的验电器声光指示器。 （3）过期的报纸、看板、资料和档案
不使用的物品	（1）切纸机的边角料、切屑。 （2）多余的办公座椅、设施、用品。 （3）多余的工具器，如梯子等
造成生产不便的物品	（1）材料室堆放的包装箱、包装盒。 （2）通道上放置的物品。 （3）资料室堆放的资料盒

3. 整理的实施步骤

在整理活动中，各部门、单位或班站所首先要进行全面的现场检查，然后制定合理的基准将物品分为必需品和非必需品，并按照规定处理非必需品，最后在工作中进行循环整理，形成良好的习惯。整理的实施步骤如图 2.2 所示。

（1）根据工作内容、物品本身的状况等制定必需品和非必需品的判定基准。

（2）工作现场必须进行全面检查，尤其要检查设备内部、文件柜顶部、桌子底部等不易检查到的部位。

$7S^+$ 活动实施人员在对物品进行判定时，需要注意以下两点：

1）需要根据物品的重要性和使用频率进行。

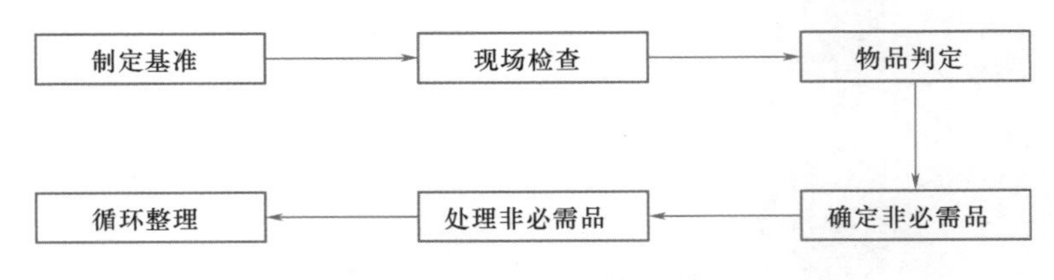

图 2.2 整理的实施步骤

2）不能持有“以防万一”的心态，否则只会让工作现场变得凌乱。

（3）处理非必需品时应先按使用价值对物品进行分类，然后进行处理。

（4）整理贵在“日日做、时时做”，如果只是偶尔突击一下，做做样子，那样整理就失去了意义。

4. 整理的注意事项

开展整理活动，不是简单地扔掉物品，而是制定合理的标准，保留重要的物品，清理不要的物品，使现场干净整洁。开展整理活动应遵循如下几点注意事项：

（1）制定合理的判别标准。

（2）彻底清除不要物品。

（3）避免出现新的不要物品。

整理的关键在于制定合理的判定标准。整理的两个重要判定标准如下：

（1）“要与不要”的判别标准，判别各个区域需要哪些物品、不需要哪些物品。

（2）“处理不用物品”的标准，首先分辨不用物品有无使用价值，再根据其具体使用价值判别不用物品应该如何处理。

彻底清除不要物品，不仅指要仔细清理所有区域，还指要用挑剔的目光审视物品，大胆进行清理。

在整理过程中，合理设置材料区、缓冲区、退运物资待清运区等，避免出现新的不用物品。

2.2.2 2S：整顿

1. 整顿的含义

整顿是指将必需品整齐放置、清晰标识，以最大限度地缩短寻找和放回的时间，整顿的具体含义如图 2.3 所示。

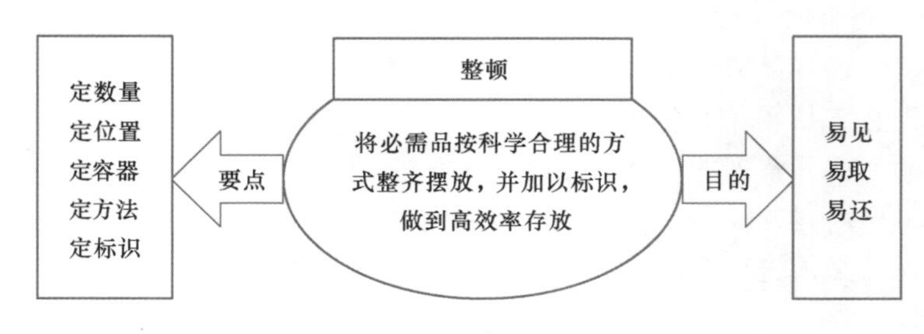

图 2.3 整顿的含义

（1）整顿的要点主要是做到五定，即定数量、定位置、定容器、定方法、定标识。

1）定数量：确定存放数量的最高限度、最低限度。

2）定位置：确定固定、合理、便利的存放位置。

3）定容器：确定合适的存放容器，以便有效地存放物品。

4）定方法：采用形迹管理等方法放置物品。

5）定标识：用统一明确的文字、颜色等作为物品的标识。

（2）整顿的目的是易见、易取、易还。

1）易见：整齐摆放物品，并用颜色、文字进行标识，使物品一目了然。

2）易取：根据使用规则合理设置放置地点，使物品容易拿取。

3）易还：通过简明的符号或形状提示，比如设置凹模，使物品容易放回原来的位置。

2. 整顿的内容

整顿的内容包括确定物品的放置地点、存放数量、存放容器和放置方法以及进行物品标识等，具体内容如图 2.4 所示。

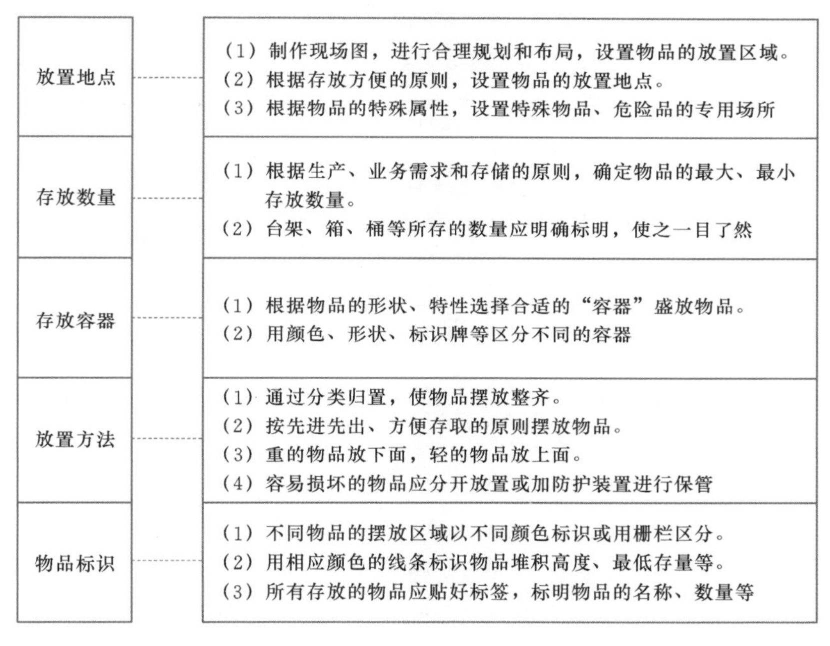

图 2.4　整顿的内容

3. 整顿的实施步骤

在整顿活动中，应明确物品放置地点、放置方法，进行明确标示。整顿的步骤具体如图 2.5 所示。

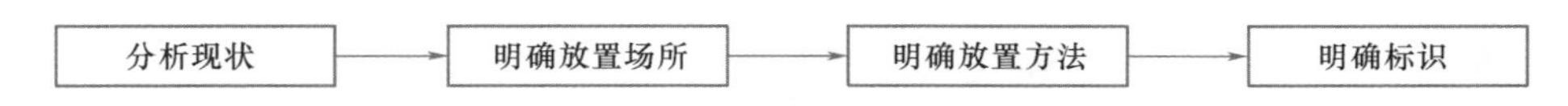

图 2.5　整顿的实施步骤

（1）分析现状主要是了解工作中与物品存放有关的问题，主要包括以下几个步骤：

1）进行物品分类，将现场物品实际的分布情况用文字进行记录。

2）分析现场物品存放有无放置地点不明确、放置地点较远、放置方法不合理等情况。

（2）明确放置场所，将物品的放置场所固定，并且用不同颜色的油漆或胶带来界定生产场所、通道和物品存放区域等。

（3）明确物品的放置方法，包括确定物品的存储地点和存放方式。

1）按方便存放的原则就近存储物品。

2）按物品的用途、形状、大小、重量、使用频率确定物品的放置地点和放置方法。

（4）明确标识，用颜色、标签、符号等标示物品的分类、品名、数量、用途等。

1）标识上注明责任人。

2）相同类别的标识，要统一规格，统一加工制作。

2.2.3　3S：清扫

1. 清扫的含义

清扫是将工作场所内看得见和看不见的地方打扫干净，不仅包括环境的清扫，还包括设备的擦拭与清洁，以及污染发生源的改善。清扫的具体含义如图 2.6 所示。

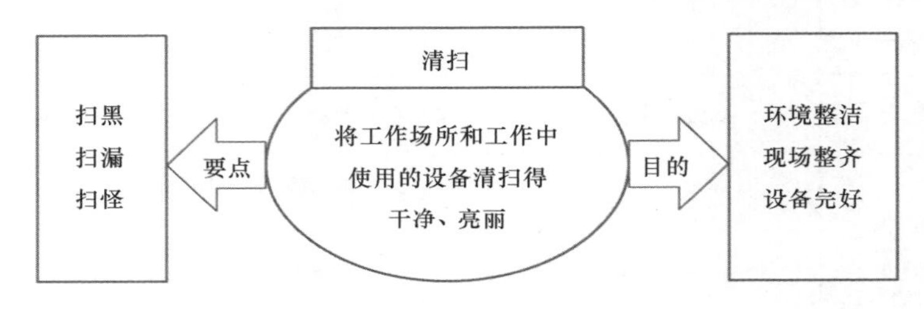

图 2.6　清扫的含义

（1）清扫的要点是三扫，即扫黑、扫漏、扫怪，具体如下：

1）扫黑：扫除垃圾、灰尘、粉尘、纸屑、蜘蛛网等。

2）扫漏：发现漏水、漏油等现象要进行擦拭，并查明原因，采取措施进行整改。

3）扫怪：对异常声音、温度、振动等进行整改。

（2）清扫的目的是使环境整洁、现场整齐、设备完好。

1）环境整洁：通过清扫，使环境干净清洁、无灰尘、无脏污。

2）现场整齐：通过清理杂物，使现场整齐、无杂物。

3）设备完好：通过点检维修，使设备处于完好状态，无松动、开裂、漏油。

2. 清扫的对象

在进行清扫过程中，首先应明确清扫的对象，才能进行合理、正确的清扫。清扫的对象包括空间、物品和污染源，见表 2.3。

（1）清扫的三个对象是相辅相成的：清扫地面、墙壁、窗台、天花板是为了给物品创造干净、整洁的空间，而清扫设备在内的物品，是为了发现并控制污染源，控制住污染源，才能进一步进行彻底的清扫，以保证环境质量，保证设备、物品完好。

（2）清扫不是简单的扫除，而在于改善环境，提高工作质量，清扫的对象也不仅仅是垃圾和灰尘污垢，还应消除物品的各种不便利之处。

表 2.3　清扫的对象

清扫对象		具体说明
空间		彻底清除地面、墙壁、窗台、天花板上所有的灰尘和异物
物品	设备、工具	（1）擦拭设备表面及内部的污垢。 （2）修复有缺陷的工具
	其他生产或办公物品	（1）对各场所的物品要按照整理、整顿的办法进行清理、去除杂物。 （2）对工作中所用到的物品要进行擦拭或清洗，以保持其状态良好。 （3）对有瑕疵的物品进行恢复和整修
污染源		在清扫过程中，应注意检查产生废水、固体污染物的污染源，并采取相应措施进行控制

3. 清扫的实施步骤

在清扫活动中，各部门、单位和班站所应确定各区域的清扫内容和责任人，接着按清扫对象准备清扫工具，然后彻底实施清扫，最后对清扫中发现的问题进行整改。清扫工作的实施步骤如图 2.7 所示。

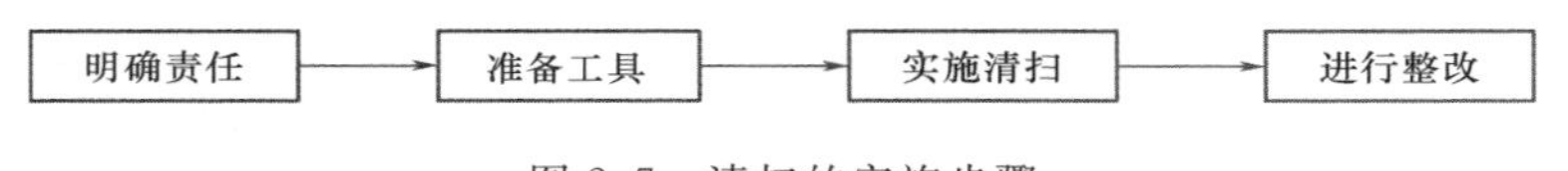

图 2.7　清扫的实施步骤

（1）明确责任，就是将清扫工作责任明确到人，明确规定责任人的清扫区域、清扫对象、清扫目标、清扫时间，以避免产生无人清扫的死角。

（2）准备工具，是指各部门、单位、班站所根据自己负责的清扫对象准备相应的工具。比如，清扫地面应准备扫帚、拖把、垃圾铲、水桶等。

（3）明确清扫对象之后，各区域应按要求实施清扫。实施清扫的基本要点如下：

1）对清扫对象执行例行扫除，清除灰尘和污垢。

2）在清扫中，点检设备、物品有无损坏、裂纹等现象。

3）调查并控制污染源。

（4）进行整改，是针对清扫中发现的问题要及时进行整改，以真正达到清扫的目的。

4. 清扫的注意事项

开展清扫活动的最终目的是保持良好的工作环境，提升作业质量，为了达到这个目的，在清扫中应遵循如图 2.8 所示的注意事项。

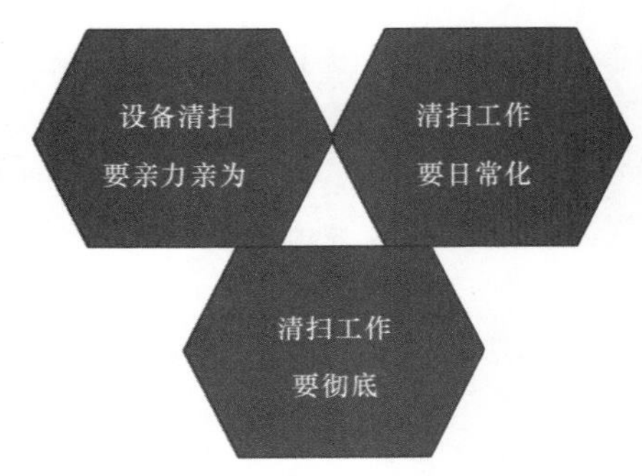

图 2.8　清扫的注意事项

（1）设备清扫要亲力亲为，不要专门聘请清洁工来进行清扫，而是要求员工自己亲自动手，以便发现现场的问题。例如，通过清扫擦拭掉灰尘，就可能发现设备的瑕疵、裂纹和松动。

（2）清扫工作要日常化，清扫活动不在于突击几次大扫除，而在于在日常工作中保持清扫的理念，看到垃圾及时清理。

（3）清扫工作要彻底，在清扫中，既要彻底消除卫生死角，又要彻底解决污染源，消除应付的心态和行为。

2.2.4 4S：清洁

1. 清洁的含义

如图2.9所示，清洁是在整理、整顿、清扫之后，将前述3S实施的做法制度化、规范化，维持其成果。

图2.9 清洁的含义

(1) 清洁的要点是工作标准化、明确责任人、监督检查。

1) 工作标准化：制定明确的整理、整顿、清扫制度，规定清洁目标、方法，将其标准化。

2) 明确责任人：明确部门、单位或班站所内所有区域的责任人。

3) 监督检查：通过定期检查、相互监督、评比互查等方法，加强对清扫工作的检查监督。

(2) 清洁的目的是通过制度化来维持成果，成为标准化工作的基础，具体如下：

1) 维持整理、整顿、清扫的成果，保持清洁的工作环境。

2) 清洁的工作环境，为生产标准化作业提供了保障。

2. 清洁的标准

清洁标准可使清洁工作内容和目标更明确化。因此，$7S^+$推行人员应根据各部门的工作内容、工作环境制定明确的清洁标准，以指导各部门清洁工作。具体的清洁标准见表2.4。

3. 清洁的实施步骤

在清洁活动中，各部门、单位和班站所应首先贯彻落实整理、整顿、清扫工作的内容，然后由$7S^+$推行团队确定各区域责任人，责任人负责相应区域清洁状态的监督检查，并将检查结果反馈给$7S^+$推行团队分析，不断完善。清洁的具体实施步骤如图2.10所示。

(1) 开展3S工作，就是根据前文的方法开展整理、整顿、清扫工作。开展3S工作要注意以下两点：

1) 如果前3S实施半途而止，则原先设定的画线标示与废弃物的存放地，会成新的污染，从而造成困扰。

2) 各部门、单位负责人和班站长要主动参加。

(2) 工作标准化，是指整理、整顿、清扫的工作标准、工作方法和监督检查办法，以便将各项活动标准化、制度化，以维持各项工作成果，并使其不断完善。

表 2.4 清 洁 标 准

序号	检查项目	等级	对 应 标 准
1	通道和设备区	1 级	没有划分
		2 级	画线清楚，地面未清扫
		3 级	通道及设备区干净、整洁，令人舒畅
2	地面	1 级	有污垢，有水渍、油渍
		2 级	没有污垢，有部分痕迹，显得不干净
		3 级	地面干净、亮丽，感觉舒畅
3	货架、办公桌、功能室	1 级	很脏乱
		2 级	虽有清理，但还是显得脏乱
		3 级	任何人都觉得很舒畅
4	区域空间	1 级	阴暗，潮湿
		2 级	有通风，但照明不足
		3 级	通风、照明适度，干净、整齐，感觉舒畅

注 1 级——差；2 级——合格；3 级——良好。

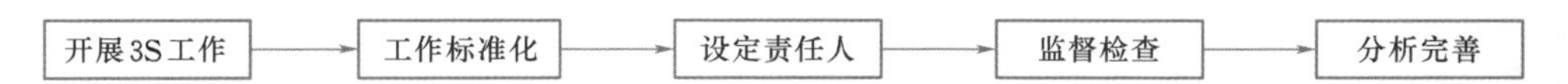

图 2.10 清洁的实施步骤

(3) 设定责任人，责任人必须以较厚卡片和较粗字体标示，并且张贴在责任区最明显易见的地方。责任人标示牌如图 2.11 所示。

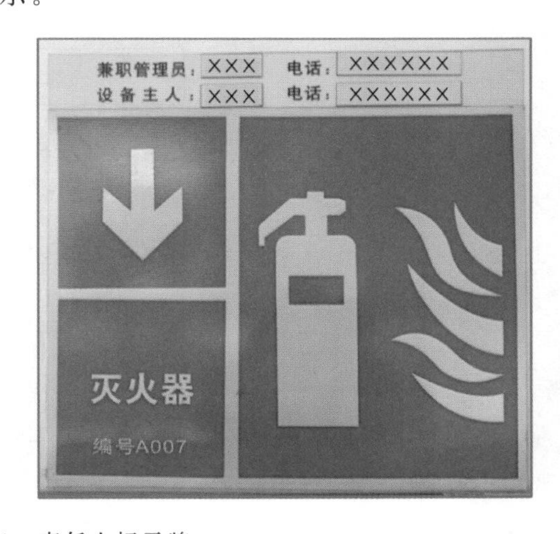

图 2.11 责任人标示牌

(4) 监督检查，是为确保清洁活动的持续、有效开展，由责任人定期检查与突击检查，并将检查情况反馈给 $7S^{+}$ 推行团队。

(5) 分析完善，指分析检查中出现的问题及原因，及时提出整改措施，以保持清洁状态。

4. 清洁的注意事项

清洁活动可有效维持现有工作成果，对现有不足做出反省，采取对策，并为活动的深入做铺垫，它是 $7S^+$ 活动的稳定、提升阶段。清洁工作的注意事项如图 2.12 所示。

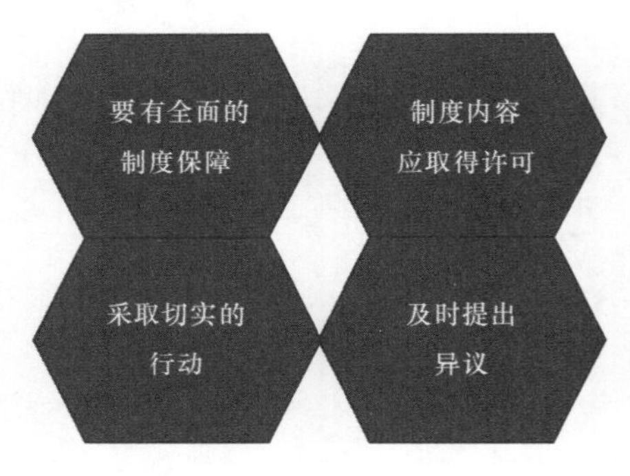

图 2.12 清洁的注意事项

(1) 要有全面的制度保障，指为全面落实整理、整顿、清扫工作，应制定工作标准，实现全方位的保障。

(2) 制度内容应取得认可，是因为如果只制定了明确的清洁标准、办法，而没有得到员工的普遍认同，清洁工作也不能取得良好效果。因此应透过自下而上的会议讨论，谋求全体员工的认可。

(3) 采取切实的行动，指实施清洁活动，不仅在于将措施制度化，更在于将制度落实到行动上。比如，现场有杂物，应立即清理；现场有脏污，应立即清扫；现场标识不清晰，应采用合适的方法进行重新标识。

(4) 及时提出异议，指在清洁活动中，员工如发现清洁标准和相关制度与工作实际不相符的地方，应及时提出异议并采取相应措施进行处理。

2.2.5 5S：素养

1. 素养的含义

素养是通过宣传和教育，使员工遵守 $7S^+$ 规范，其目的是提升人员素质，养成良好习惯。其含义如图 2.13 所示。

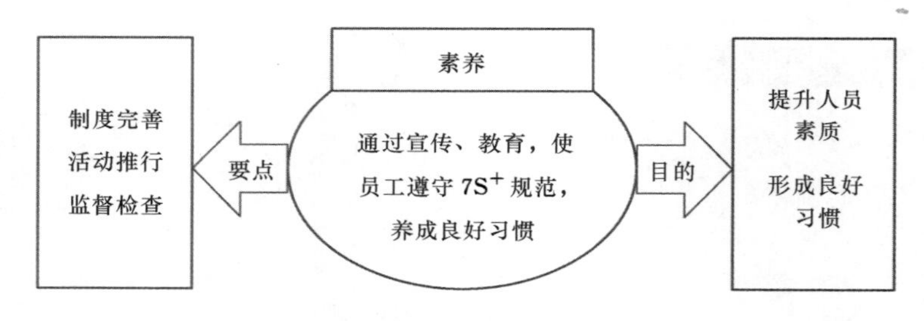

图 2.13 素养的含义

(1) 素养的要点是制度完善、活动推行、监督检查。

1) 制度完善：根据班组情况、$7S^+$ 实施情况等完善现有的规章制度，如班组纪律规范、日常行为规范、$7S^+$ 规范等。

2) 活动推行：通过班前会（班后会）向员工推行 $7S^+$ 活动。

3) 监督检查：通过定期检查和不定期巡检结合，加强监督、考核，使各班组员工形成良好的工作习惯和素养。

(2) 素养的目的是提升人员素质、形成良好习惯。

1) 提升人员素质：通过制度培训、行为培训、检查监督考核，不断提高员工素质。

2) 形成良好习惯：通过宣传培训、各种活动的施行统一员工行为，形成良好习惯。

2. 素养的表现

素养是指员工具有良好的行为习惯，同时具有良好的个人形象和精神面貌，遵礼仪，有礼貌，具体内容见表 2.5。

表 2.5 素养的表现

素养表现	具体说明
良好的工作习惯	员工遵守以下内容，形成良好习惯： (1) 纪律规范，遵守出勤和会议规定。 (2) 岗位职责，操作规范。 (3) 工作认真，无不良行为。 (4) 员工遵守 $7S^+$ 规范，养成良好工作习惯
良好的个人形象	员工自觉从以下几个方面维护个人形象： (1) 着装整洁得体，衣、裤、鞋不得有明显脏污。 (2) 举止文雅，言语得体
良好的精神面貌	员工工作积极，主动贯彻执行整理、整顿、清扫、清洁等制度
遵礼仪有礼貌	(1) 待人接物诚恳有礼貌。 (2) 相互尊重，相互帮助。 (3) 遵守社会公德，富有责任感，关心他人

3. 素养的实施步骤

为了形成良好的素养，班组应完善规章以维持活动成果，再通过开展素养活动，促使员工形成良好的素养。具体步骤如图 2.14 所示。

图 2.14 素养的实施步骤

(1) 完善规章制度：随着 $7S^+$ 活动的不断深入，班组需要不断完善原有规章制度，以维持活动成果，并使员工形成良好的习惯和素养。其具体步骤如图 2.15 所示。

(2) 开展素养活动：具体落实规章制度的实施，使员工养成良好的素养。

(3) 检查与完善：班组应定期或不定期对员工个人形象、规章制度遵守情况、工作环境等进行检查，发现问题即时纠正，以完善员工素养。

4. 素养的注意事项

实施素养活动，如果只是一味地制定各种规章制度，可能达不到预期的效果。有效开展素养活动，应注意图 2.16 中的四点。

(1) 加强规章制度解释：若规章制度得不到员工的理解，员工不会主动去遵守。在工作中，班组应对员工进行规章制度培训，采用典型案例教育、情景模拟等办法解释规章制度条款的意义。

(2) 素养是一种习惯，班组应有效开展班前班后会、员工改善提案讨论会等素养活动，在活动中让员工深刻体会素养的含义，并在日常工作中付诸行动，并养成良好的习惯。

(3) 奖惩办法落到实处：在日常工作中，对于违规的行为，应按规定进行处罚，以对

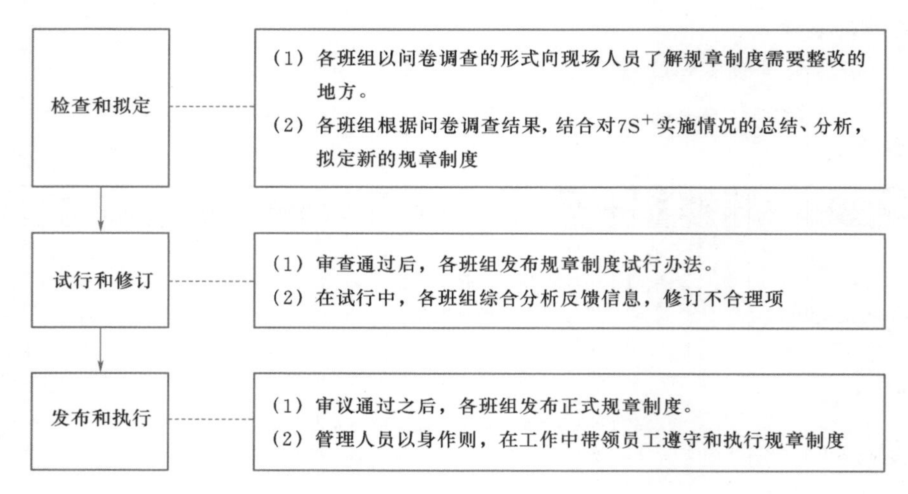

图 2.15 完善规章制度的具体步骤

员工起到警示作用，从侧面提高其素养。

（4）通过一系列活动后，员工对 $7S^+$ 工作已形成一定的认识和理解。要彻底开展 $7S^+$ 活动，使员工养成良好的习惯并内化为良好的素养，还需要长期坚持。

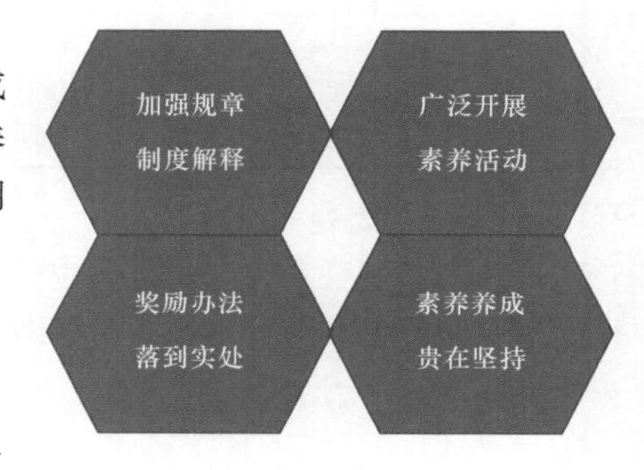

图 2.16 素养的注意事项

2.2.6 6S：安全

1. 安全的含义

安全是消除安全隐患，预防安全事故，保障员工的人身安全，保证生产的连续性，减少安全事故造成的经济损失。

（1）$7S^+$ 的安全不是电力安全体系的全部，电力企业的安全认证等不是 $7S^+$ 安全的范畴。

（2）$7S^+$ 安全活动的主要内容是围绕现场来展开的，包括现场安全检查、安全教育培训、安全隐患排查、危险作业分析等。

（3）要想推行安全活动，企业还必须加强对员工的安全培训，进一步提升员工的安全意识，消除大家对安全的麻痹心态。

（4）$7S^+$ 安全活动的原则是重在预防，确保没有事故发生，也没有安全隐患。

2. 安全管理的实施步骤

为了安全管理取得有效的成果，需要确定安全管理活动的实施步骤，以便按步骤实施。

（1）建立安全管理机制，主要包括安全管理组织结构、安全管理制度、岗位安全操作规范内容。

（2）开展安全培训教育，定期开展安全培训教育活动，做好安全宣传工作，培养员工安全意识，提高员工的安全技能。

（3）做好各类安全标识，对各类危险区域、带电设备、机械工具、场所等进行相关安全标识，以时时警示现场作业人员。

（4）进行安全巡查，定期或不定期地对现场进行巡查，以发现安全隐患。

（5）整改安全隐患，对于安全巡查过程中发现的安全隐患，应立即采取措施进行消除。

2.2.7　7S：节约

1. 节约的含义

节约是通过改善对物品、能源、时间和人力的合理利用，以发挥它们的最大效能，从而消除浪费，降本增效。节约的具体含义如图 2.17 所示。

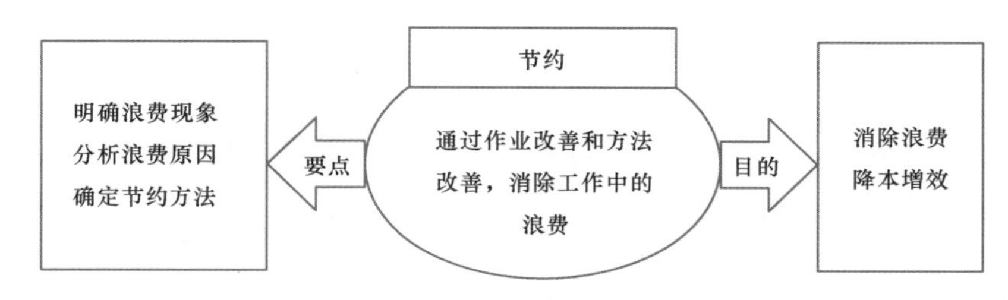

图 2.17　节约的含义

（1）节约的要点是明确浪费现象、分析浪费原因、确定节约方法。

1）明确浪费现象：通过现场调研，弄清运行、维护等各个环节存在浪费的地方，如过度维护等。

2）分析浪费原因：针对各种浪费现象，根据其具体性质，分析其产生的原因。比如分析过度维护是否是由于没有做好计划而造成的。

3）确定节约方法，在明确产生浪费的原因之后，采取有效的措施减少浪费以实现节约。比如变电站内因没做好月度计划安排而造成过度维护，在下一周期的维护的安排前做好充分的排查和梳理，找出突出问题并有针对性地进行安排处理。

（2）节约的目的是通过节约教育和宣传、实施精益化管理等节约活动，提高员工的节约意识，消除浪费，同时提高资源利用效率，节约成本。

2. 浪费的现象

浪费现象，按照类型来分，包括等待浪费、管理浪费、重复浪费、作业浪费、服务浪费、闲置浪费、流程浪费、其他浪费等八大浪费。具体见表 2.6。

表 2.6　浪费现象一览表

浪费现象	具体内容
等待浪费	由于物资采购流程冗长、物资供应迟滞、生产计划安排不当、信息系统使用低效、工作分配不合理等造成的停工等待。例如，营业厅排队等待、抢修时间等待、流程批复等待、物资安置等待等
管理浪费	管理要素未得到有效利用造成的无序和不协调。例如，管理策划脱离实际、管理工作不闭环、管理成果未得到有效应用、跨部门沟通的壁垒等

续表

浪费现象	具　体　内　容
重复浪费	因不能一次性做对而造成的重复返工、重复审核、重复管理，或相同内容重复填写、重复报送。例如，表单内容重复化、相同内容重复检修、客户信息重复审核等
作业浪费	指与员工在作业中不增值或低效的作业活动。例如，巡检时无目的地走动、寻找没有定置管理的物品、为拿取物料走动频繁等
服务浪费	客户觉得对产品或服务没有增加价值的努力。例如，为客户提供过度服务（如在客户不需要的情况下邮寄电费账单）等
闲置浪费	财务管理和物品使用形成的浪费。例如，备件库存过多堆砌、废弃物资未及时处理、办公用品过度购买等
流程浪费	部分流程、步骤不能满足客户需求或内部管理要求而造成的浪费，例如，部分流程可有可无、部分步骤可以同时进行、部分流程可简化等
其他浪费	在以上七大浪费之外，降低工作效率的各种浪费，超过正常需要的无谓工作。例如，过度投资、过度维护等

3. 节约的实施步骤

实施节约活动，首先明确当前存在的浪费现象，然后制定减少浪费办法，最后在工作中监督员工实施节约。具体如图 2.18 所示。

图 2.18　节约的实施步骤

（1）明确浪费现象，是 $7S^+$ 推行人员通过对现场的检查和分析，了解现场存在的各种浪费现象。

（2）明确节约办法，是根据现场存在的各种浪费现象，有针对性地提出各种节约措施。

（3）实施节约活动，是指在节约活动实施过程中，$7S^+$ 推行委员会不定期到站进行检查，发现浪费现象要及时给予指出，并监督其进行纠正，杜绝再次发生。

4. 节约的注意事项

在日常工作中，节约习惯的养成不是一蹴而就的，需要从各方面进行约束、整改。为了使员工养成节约的习惯，在推行节约活动的过程中，需要注意如图 2.19 所示的事项。

加强节约宣传
要有制度保障
注意看不见的浪费

图 2.19　节约的注意事项

（1）加强节约宣传：因为节约也是一种素养，而素养的形成，需要持续地进行精神激励，以使员工形成节约习惯。

（2）要有制度保障：指为全面落实节约活动，应制定相关制度和规定以及奖惩办法等，以保障节约工作顺利开展。

（3）注意看不见的浪费：主要是指时间上的浪费，往往容易被管理者忽视，给站内造成巨大损失。比如变电站到子站投退重合闸，路途时间比操作的时间还要长，如果实现馈线重合闸远程投退，可以大大缩减时间。

2.2.8 7S⁺：服务

1. 服务的含义

南方电网的服务理念是“以客为尊，和谐共赢”，就是以客户为中心，健全客户全方位服务体系，一切为客户着想，努力为客户创造价值。通过持续有效地满足客户需求，实现客户满意，提升公司的经济效益和社会效益，形成客户和公司之间互利互惠的长效机制。

2. 服务的实施步骤

在服务活动中，各部门、单位和班站所应将重点落实在服务心态的建立上，将服务意识作为人员的基本素质加以要求，强化服务意识，倡导奉献精神。服务的具体实施步骤如图2.20所示。

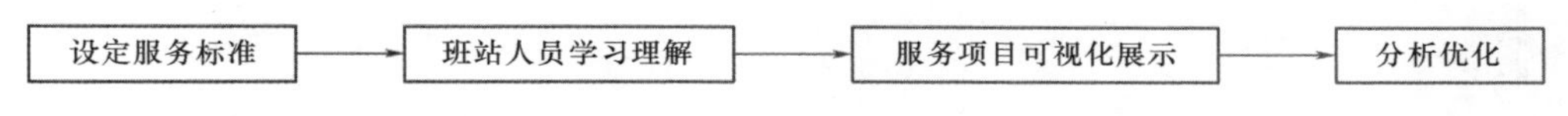

图2.20 服务的实施步骤

（1）设定服务标准：是指根据服务对象的不同，制定服务工作标准，形成全方位的制度保障。

（2）班站所人员学习理解：是指将服务的标准、方法等在班站所范围内进行宣贯，以便人员彻底理解服务的意义，不断完善服务活动成果。

（3）服务项目可视化展示：是指将工作指引等可视化服务内容张贴在较明显易见的地方或是制作通俗易懂的业务相关视频，为相关客户提供便利。

（4）分析优化：是指对服务活动案例中出现的问题及原因进行分析，及时提出整改措施，以不断优化服务水平。

3. 服务的注意事项

很多企业都非常重视外部客户的服务意识，却忽视对内部客户的服务，而在7S⁺活动中的服务，须注意做好对相关业务人员、班组员工的服务，要牢记团队协作，只有做好人与人之间的服务，才能发挥出群体的力量。

（1）作为一个企业，服务意识必须作为对其员工的基本素质要求加以重视，每一个员工也必须树立自己的服务意识。

（2）服务不是对客户说的，而是要向客户实实在在做的，要深入到生产工作中的方方面面，取得员工的认可。让他们从心里接受并身体力行，而不是停留在口头上。

（3）建立良好的沟通机制，即本部门、单位、班站所各层级员工之间的沟通，例如主动关怀、切实解决职工困难，也包括与其他日常业务往来人员的沟通，减少不必要的误会，提升工作效率。

2.3　$7S^+$常用管理方法

2.3.1　定点摄影

1. 定义

定点摄影是$7S^+$推进过程中必须使用的一种方法，是指对需要整理、整顿、清扫、清洁的设备及区域从同一位置、同一方向、同一高度在改善前和改善后分别摄影，以便清晰对比改善成效、跟踪改善进度的一种常用方法（图2.21）。

(a) 改善前

(b) 改善后

图2.21　改善前后定点摄影示例

2. 适用环节

$7S^+$推进全过程，特别是整理、整顿、清扫和清洁4个环节。

3. 作用

定点摄影的作用主要体现在以下方面：

（1）保存直观明了的影像资料，便于宣传。

（2）改善前的照片可揭露问题和差距，督促责任者采取改善措施。

（3）让员工看到改善前后的效果对比，使员工获得成就感，从而形成更强的改善动力。

4. 照片使用方法

（1）将未进行改善或存在的问题点的区域通过摄影照片张贴在宣传栏等醒目位置，标明存在的问题、责任者、拍摄时间等信息，也可以通过班组或部门之间照片的横向对比，使存在问题的责任者形成无形的整改压力。

（2）将定点摄影照片冲印出来进行归纳对比，张贴在醒目位置并进行文字说明，让员工看到改善前后的巨大差异，激发员工的改善热情。

（3）选择改善前后对比效果明显的照片作为范例，直观地告诉其他员工应该怎样去做、如何去创新，形成竞赛氛围，调动员工的积极性。

5. 实施步骤

定点摄影法的实施一般分为以下实施步骤：

（1）首次取像。选择需要整改的问题点，选取合适的拍摄角度及位置进行拍摄，并详细记录拍摄的位置和时间，所拍摄照片标明为“改善前”照片。

（2）公示问题点照片。将“改善前”照片公示在宣传栏等醒目位置中，并以相应的文字描述说明问题点所在的部门、负责人姓名、存在的问题和拍照的时间等，督促相关责任者进行整改。

（3）改善后取像。在问题点得到改善后，根据记录的取像位置，在同一位置进行取像，同时详细说明记录取像的位置和时间。第二次取像照片标明为“改善后”照片。

（4）将“改善前”和“改善后”的照片一同公示在宣传栏中，同时对问题点改善效果较好的责任者进行表彰。

6. 注意事项

摄影时应注意以下问题：

（1）拍摄人员最好相对固定。

（2）拍摄最好使用同一台相机。

（3）拍摄时的方向和角度要一致。

（4）改善前后两次拍摄要站在同一位置。

（5）拍摄时焦距要相同。

（6）拍摄时高度要相同。

（7）公示时采用彩色照片。

（8）公示时照片上要标明日期、责任者、存在的问题等信息。

（9）照片必须公示在醒目位置，能让全体员工看到。

（10）每次公布的问题点照片不宜过多，可以选取典型的问题点照片。

2.3.2 红牌作战

1. 定义

红牌作战是采用红色纸张制作 7S⁺管理问题揭示卡，对改善区域各个角落的问题点加以发掘并限期整改的方法，是提升和保持 7S⁺改善成果的有效手段之一（图 2.22）。

使用红色的主要原因是：红色醒目，便于与普通卡片区别开，以引起管理者及责任人的注意，起到目视化管理

NO.________

7S⁺现场问题卡

现场负责人：

场所或位置		发放人	
发放日		要求完成日	
问题描述			
整改措施			
整改人员完成签名		完成日期	
现场负责人确认			
发放人确认		确认日期	

图 2.22 红牌作战参考样例

的作用；红色有禁止、故障的含义，意指被贴上红牌的物品、区域有不符合项。

红牌是一种资格，是一种荣誉，代表着区域已经完成创建，并验收合格，进入了保持改善阶段。只有已进行 $7S^+$ 创建、效果显著的区域，才有资格进入红牌作战。

2. 适用环节

一般是完成了整理、整顿、清扫等环节，在清洁阶段及以后维持阶段，由精益办、各部门和建设单位在督导、检查或验收时采用。

3. 实施对象和要点

（1）实施的前提条件。

1）实施区域已至少完成 3S 及以上的创建，无脏乱差现象。

2）实施区域基本符合“三定三要素”要求。

3）本区域的成员基本找不到问题时，有希望借助“外人”的眼光来提升本区域 7S 管理水平的意愿。

（2）实施对象。

1）区域内任何不满足“三定三要素”要求的事物。

2）工作场所的不必要物。

3）需要改善的事、地、物：①超出期限者（包括过期的看板、通知、计划）；②破损老化者（如损坏的瓷砖、油漆、标识）；③状态不明者（如库存量不确定、表计范围不明确）；④物品混乱者（存放物品规格或状态混杂）；⑤不常用的东西（不用又舍不得丢的物品）；⑥过多的东西（虽要使用但过多）。

4）有泄漏、渗漏点的设备、管道。

5）卫生死角。

6）存在安全隐患的所有问题点。

（3）实施人员。负责推进、督导或管理区域的人员。

（4）实施周期。红牌作战实施频率不宜过于频繁，$7S^+$ 推进期、常态化管理期的实施频率有所不同，某地红牌作战实施周期见表 2.7。

表 2.7 某地红牌作战实施周期

实施阶段/方式	实施频率	实施阶段/方式	实施频率
$7S^+$ 导入初期	每周进行 1 次	常态化管理期	每月循环进行 1 次
$7S^+$ 推进中期	每两周循环进行 1 次	专项红牌作战	随时进行

整改时间一般以一周为最长期限，明显的安全问题应重点限期整改，涉及设备改造的整改可根据实际情况进行调整。

4. 实施步骤

（1）方法培训。对全员进行红牌使用的培训，使全员明白以下内容：

1）红牌不是罚单，是帮助 $7S^+$ 管理的目视化管理工具。

2）不要隐藏问题、制造假象。

3）按红牌要求时间完成整改项目。

4）整改遇到问题时要及时提出。

（2）到现场进行红牌作战。

1）督导人员或验收人员可以以小组为单位开展，也可以独立开展。

2）逢门必进，逢锁必开，从外到里逐点进行巡查。

3）从细微处进行核查。

4）按物品状态对标识进行核查。

（3）红牌编号。红牌应由督导部门或单位通过编号有序管理，编号规则可采用三级编号。

1）公司级编号方法。广供-年月-序号，例：广供-201707-01，是适用于局精益办督导、验收时发放的红牌。

2）二级机构编号方法。二级机构简称-年月-序号，例：企管-201707-01、天河-201708-03，是适用于各专业部门和建设单位督导、验收时发放的红牌。

3）三级机构编号方法。二级机构简称和三级机构简称-年月-序号，例：越秀营销-201709-01，是适用于各单位内部三级机构督导、验收时发放的红牌。

（4）挂红牌。

1）发放人现场记录问题并签名，根据红牌的级别明确相对应的现场负责人。

2）红牌要贴在引人注目处。

3）红牌一定要由发放人张贴，不能由被要求整改的相关人员自己张贴。

4）挂红牌理由要充分，完成时间要与对方商讨。

5）能立刻改正的问题不发红牌。

6）未如期完成改善，需及时书面向发放人申请延期，批准后可以延迟回收。

7）丢失红牌、没有按时完成整改且没有报告的情况，可以通过个人绩效对相关人员进行考核。

（5）发放记录。设立红牌发放回收登记表，记录红牌的发收状况。红牌发放回收登记表参考如图2.23所示。

红牌发放回收登记表

红牌编号	主要问题	发放日期	要求完成日期	现场负责人	回收确认	回收日期

处理流程：红牌发放、张贴→记录表填写→整改完成→现场负责人确认→发放人确认→红牌回收

管理部门/单位：　　　　登记人：

图2.23　红牌发放回收登记表参考图

（6）红牌的实施、跟踪和回收。

1）相关责任主体根据整改要求实施整改，完成后现场负责人签字确认，通知发放人。

2）精益办、专业部门建设单位督导组、验收组根据红牌发放记录的完成实现，跟踪、督促相关责任主体及时完成整改，回收已完成的红牌并登记。

2.3.3 形迹管理

1. 定义

形迹管理就是将零部件、工具、夹具等物品在其地面上、墙壁上、桌子上、机器旁等地方的投影形状描画出来，按其投影的形状绘画或采用嵌入凹模等方法进行定位标识，使其易于取用和归位。

2. 适用环节

主要用于整顿环节及后续维持。

3. 作用

形迹管理的目的是减少寻找时间，加强物品管理，提高工作效率。具体有以下优点：

(1) 减少寻找工具的时间。以往都是将各种工具混放在箱子里和抽屉中，要用的时候就要翻箱倒柜地找，不但浪费时间，而且使用起来也不方便。

(2) 易于取拿，易于归位。由于每个物品都有自己固定的形迹图案，且摆放规范、整齐，所以取拿非常容易，而且归位方便。

(3) 工具丢失，马上知道。如工具使用之后未归位或丢失，那么相应的物品形迹就会显现出来，一目了然，减少物品的清点时间，同时提醒操作者把丢失的工具或物品找回来。

4. 实施方法

方法一：在存放物品的载体上，规划好各物品的放置位置后，使用广告纸或油画布等材料，按物品投影的形状绘图标示，然后将投影形状部分用壁纸刀或其他工具裁切下来，将上述裁切好的材料粘贴在待放存放物品的载体上（图 2.24）。

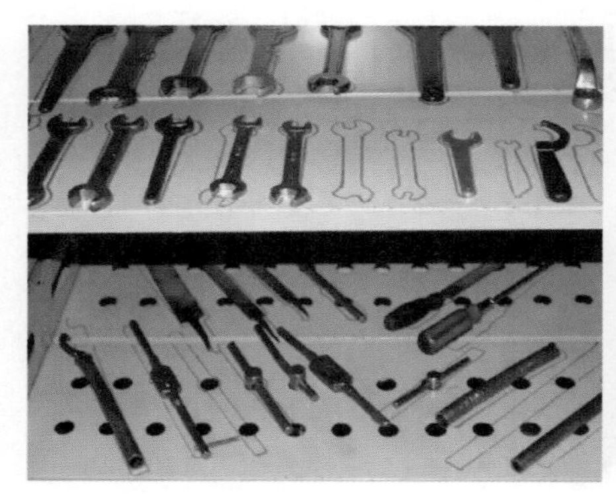

图 2.24　绘图裁剪示例

方法二：采用嵌入凹模的方法，施工具、零部件等物品易于取用和归位。如没有可用的现成凹模，可以自己动手，利用海绵、泡沫或厚质的台垫，刻画出物品形状后，镂空处理即可（图 2.25）。

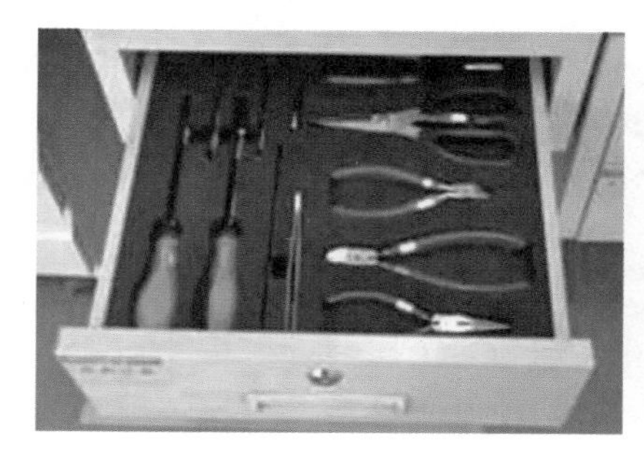
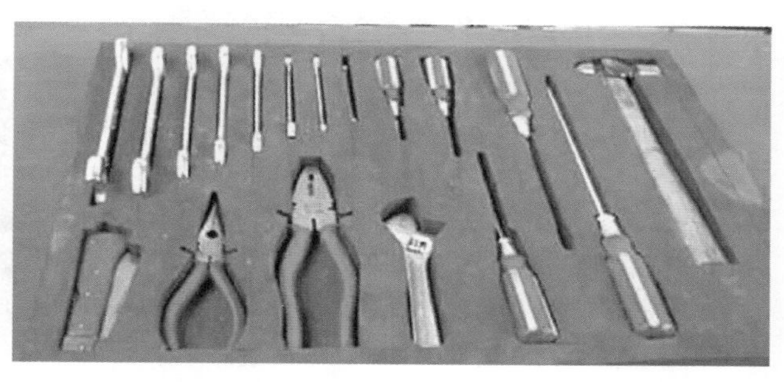

图 2.25 嵌入凹模示例

方法三：做成看板展示或多层推拉式的展示板，所有的工具、零件都有固定的位置和标识，采用形迹管理的方式进行管理，查找起来非常方便（图 2.26）。

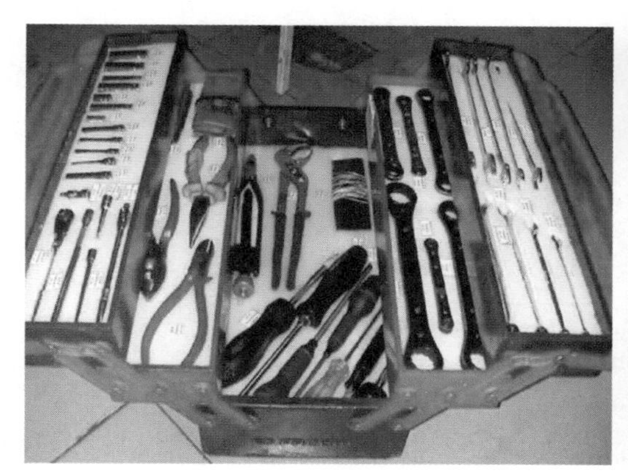

图 2.26 多层展示示例

5. 载体和材料

可利用材料：广告纸、橡胶（或硅胶）台垫、海绵、泡沫等。

实施形迹管理的载体：工具箱、工具车、工具（零件）柜或工具（零件）架等。

另外，7S⁺管理是一项严谨的工作，要求每一环节、每一阶段都要做到位，贵在坚持，不要出现图 2.27 中的现象。

2.3.4 目视管理

目视管理就是通过充分运用视觉手段来达到简化管理、提高劳动生产率的目的。它以视觉信号为基本手段，以公开化为基本原则，尽可能地将管理者的要求和意图让大家都看得见，借以推动自主管理、自我控制。

1. 三个要求

（1）无论是谁都能判明是好是坏。

（2）能迅速判断，精度高。

（3）判断结果不会因人而异。

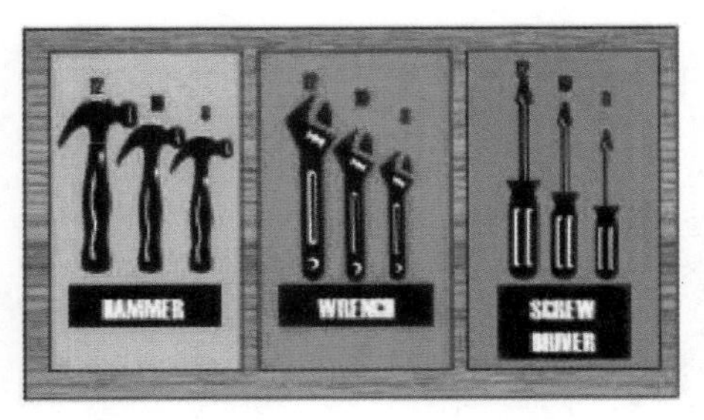

(a) 第一天

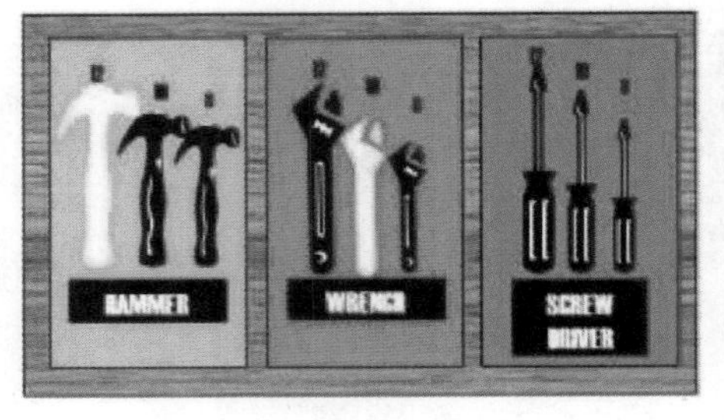

(b) 第二天

(c) 第三天

(d) 第四天

图 2.27　错误示例

2. 三级水准

(1) 初级：有标识，能明白现在的状态（但不知道目前的状态是否处于正常状态）。

(2) 中级：谁都能判断良否（不仅明白现在的状态，同时知道现在的状态是否处于正常状态）。

(3) 高级：异常处理等方法都标识得很清楚（明白现在的状态是否处于正常，如果发生异常，在现场有标识表明异常如何处理）。

3. 优点

(1) 目视管理形象直观，有利于提高工作效率。

(2) 目视管理透明度高，便于现场人员互相监督，发挥激励作用。

(3) 目视管理有利于产生良好的生理和心理效应。

如图 2.28 所示，文件夹下方的定位标识从小到大，文件该放什么位置就能一目了然了。文件放错了位置，也能一眼看出来。不同类的文件，下面颜色标识不一样，可以用红色、绿色、黑色等，如果文件放错了层或者放错了架，一眼就能看出来。此方法可简化管理，减少错误。

图 2.28　目视管理示例

2.3.5　颜色管理

颜色管理也是属于目视管理中的常用的方法之一。因为在 7S 管理中使用频率较高，所以专门作为一个方法来介绍。

颜色管理可以运用的领域非常广泛，最常见的是用来做区分和警示。

1. 颜色区分

在现场，经常会有很多导线、管道、按钮等集中在一起，让人难以区分。通过颜色管理，可以很方便地把不同的导线、管道、按钮分开，提高了工作效率，减少失误的概率。

2. 颜色警示

很多区域的安全警示需要用颜色特别标明。具体按照南方电网公司、广州供电局安健环实施标准执行。

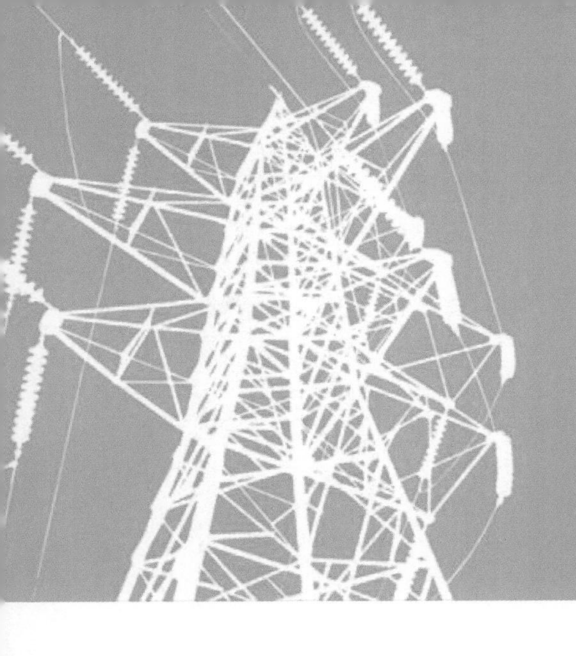

第3章 办公区 $7S^+$ 目视化标准

3.1 办公室

3.1.1 办公桌

1. 桌面

（1）办公桌面仅可摆放电脑、显示屏、鼠标、键盘、电话、笔筒、台历、水杯、文件夹、文件柜、小型办公设备以及个人物品，其余物品不能放置。

（2）物品放置标准如图3.1、图3.2所示，居中放置。

（3）个人物品必须为小型展示物品，如纸巾、家庭合照、小型绿植，数量不超三样。

（4）笔筒放置笔数量不超6支，不能摆放剪刀、美工刀等利器。

（5）个人食品不能长期放置在办公桌面上，办公沙发不能摆放午睡物品。

（6）电源插板固定在壁板上，并在旁边增加“下班后请关闭电源”温馨提示。

（7）制作方法：根据标准，定制物品图案标识，规格为直径80mm圆形如图3.3所示。

图3.1 办公桌面整体

图 3.2 办公桌面局部

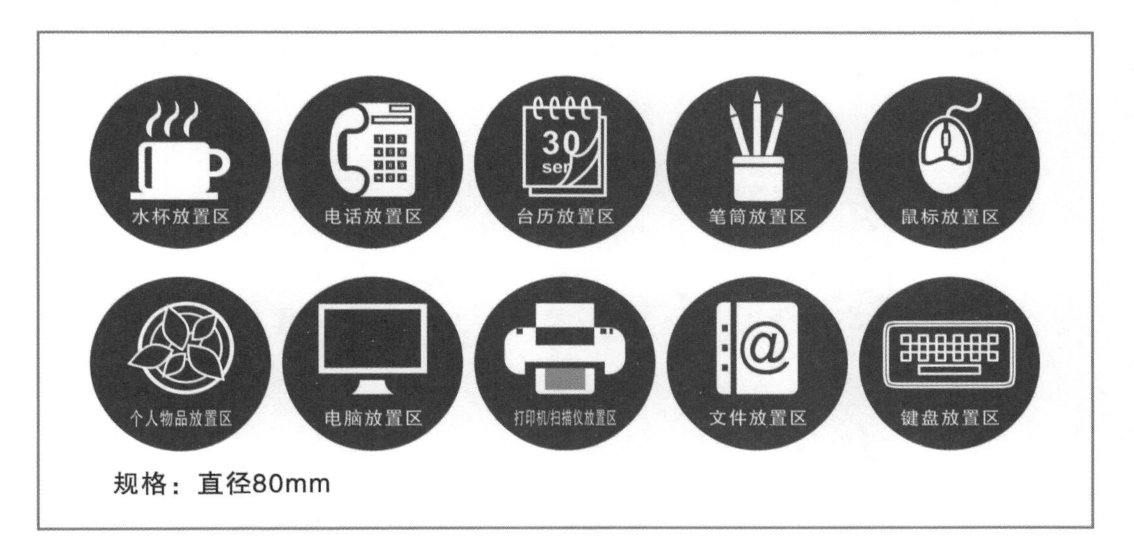

图 3.3 办公桌面物品定置贴

2. 抽屉柜

抽屉柜外观和内部如图 3.4 和图 3.5 所示。

(1) 三层文件柜进行功能划分。

(2) 第一层为办公文具，主要摆放如订书机、直尺、计算器、剪刀、美工刀等办公文具。

(3) 第二层为办公文件，主要存放办公用文件资料等。

(4) 第三层为个人用品，主要存放个人背包等物品。

(5) 第一层办公文具需使用收纳格板对文具进行分类定置。

(6) 标识结合实际，统一粘贴方向。

(7) 抽屉内放置物与抽屉标识相符。

(8) 制作方法：标识用标签机打印，规格为 60mm×24mm；分隔栏根据办公文具大小进行分隔。

图 3.4　抽屉柜外观

图 3.5　抽屉柜内部

图 3.6　电话

3. 电话标识

（1）标识张贴在电话定置的正上方，规格：15mm×50mm。

（2）按部门需要可增加电话标识的号码，如常用号码。

（3）电话号码使用黑色记号笔填写，如图 3.6 所示。

（4）制作方法：标签机打印张贴。

4. 电源线

（1）对电脑等办公设备电源线用扎带绳捆扎，用束线管整理，如图 3.7 所示。

（2）对每条电源线进行设备用途标识。

（3）制作方法：用标签机进行打印粘贴。

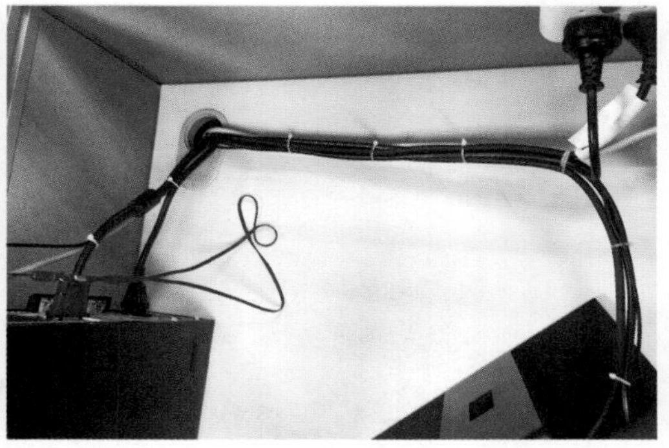

图 3.7 设备电源线

5. 员工岗位标识牌

（1）放置在员工个人区域隔板玻璃处。

（2）标识牌内容包括：企业 LOGO、部门、姓名、岗位、联系电话，如图 3.8 所示。

（3）制作方法：Word 格式打印纸，插入卡槽，卡槽规格为 155mm×110mm；标识规格为 148mm×98mm。

中国南方电网
CHINA SOUTHERN POWER GRID

部门：__________

姓名：__________

岗位：__________

联系电话：__________

图 3.8 员工岗位标识牌

6. 个人垃圾桶

（1）垃圾桶摆放在办公桌下方，文件柜旁。

（2）垃圾桶摆放位置需进行标识定位，如图 3.9 所示。

（3）制作方法：垃圾桶定位标识大小为 100mm×100mm。

3.1.2 文件柜

1. 桌面文件架

（1）三格文件架分为“已处理”“处理中”“待处理”3 个标识，如图 3.10 所示。

（2）四格文件架分为“已处理”“处理中”“处理中”“待处理”4 个标识。

（3）文件按照处理性质进行分类摆放。

（4）文件架内仅存放处理文件，不能存放书籍、报刊等非文件类物品。

图 3.9　个人垃圾桶

(5) 标识粘贴必须居中，横平竖直。

(6) 制作方法：Word 格式打印粘贴，规格为 62mm×51mm。

2. 卡座文件柜

(1) 上格仅可摆放书籍、文件盒、文件夹类用品，其他物品不允许摆放，如图 3.11 所示。

(2) 下层文件柜为个人用品摆放柜，可放置个人用品。

(3) 制作方法：下层文件柜标识规格为 60mm×24mm。

图 3.10　桌面三格文件架

图 3.11　卡座文件柜

3. 层级文件柜

(1) 每个抽屉必须要根据抽屉实际摆放物品进行标识，并分类摆放，如图 3.12 所示。

(2) 制作方法：Word 格式打印纸，规格为 215mm×12mm。

图 3.12 层级文件柜及具体标签示例

4. 立式文件柜

(1) 立式文件柜（图 3.13）外需粘贴标识，标识内容包括柜内每层存放资料内容、责任科室、责任人，如图 3.14 所示。

(2) 标示粘贴在左边柜把手对上 20mm 处。

(3) 制作方法：标识用 Word 格式打印纸，规格为 105mm×62mm。

图 3.13 立式文件柜

图 3.14 立式文件柜标识

5. 文件盒

(1) 文件档案盒需有编号、项目文件名称，如图3.15所示。

(2) 尽量按照同类型文件盒进行归类放置，并实施拉线形迹管理，拉线标识形式不限，但要统一，如图3.16所示。

(3) 制作方法：Word格式打印纸，根据文件盒标识大小，规格为40mm×160mm～40mm×200mm。

图3.15　文件档案盒

图3.16　文件盒拉线形迹管理

3.1.3　物品存储

1. 个人物品存放柜

(1) 个人物品存放柜需粘贴标识，标识内容包括柜内每层存放资料内容、责任科室、责任人，如图3.17所示。

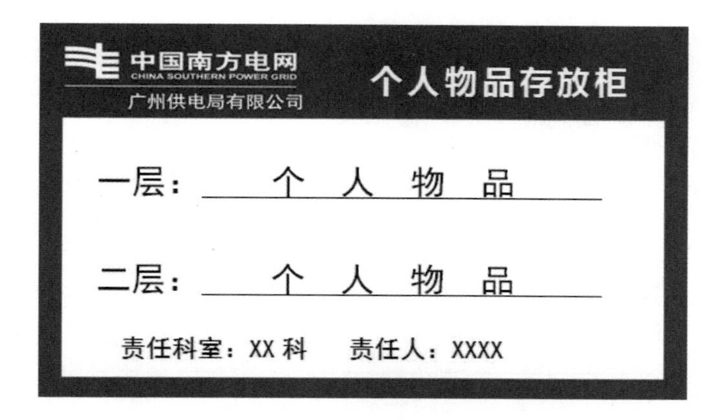

图 3.17　个人物品存放柜标识

（2）标示粘贴在存放柜的左上角，如图 3.18 所示。

（3）制作方法：标识用 Word 格式打印纸，规格为 105mm×62mm。

图 3.18　个人物品存放柜

2. 办公用品存放柜

（1）办公用品存放柜主要存放包括打印纸、公用文具、信封等办公类用品，并使用收纳格板分类放置，结合实际制作红黄绿量化标识，如图 3.19 所示。

（2）柜外必须进行标识，标识内容包括柜内每层存放物品类型、物品清单、相关责任人。

（3）制作方法：柜外标识规格为 105mm×62mm；物品标识用标签机进行打印，规格按实际物品名称自定义；量化标识绿色为正常库存，黄色为订货点，红色为补货点。

3. 个人衣柜

（1）对职业西装以及工作服进行定点挂放，如图 3.20 所示。

（2）每件衣服衣架上需有标识牌，标注科室及人员，如图 3.21 所示。

图 3.19 办公用品存放柜

(3) 制作方法：衣架标识用标签机按内容打印；柜外标识规格为 105mm×62mm。

图 3.20 员工个人衣柜

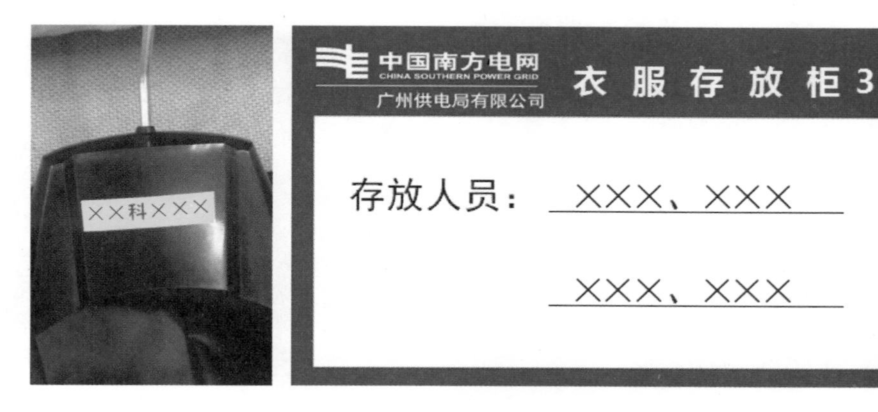

图 3.21 员工个人衣柜标识牌

3.1.4 文印区

（1）需将打印机、碎纸机等大型办公设备集中摆放，提高工作效率，如图 3.22 所示。

图 3.22 文印功能区

（2）打印机等设备要标识有设备名称、责任人、报修电话等信息以及简易的操作指引，如图 3.23 所示。

（3）打印机旁不设置废纸桶，直接采用碎纸机，并设置温馨提示，引导员工将废弃文件直接碎掉，以防泄密，如图 3.24 所示。

（4）制作方法：物品标识规格为 76mm×47mm；操作指引用 Word 文档进行编辑，规格控制在 A4 纸以内。

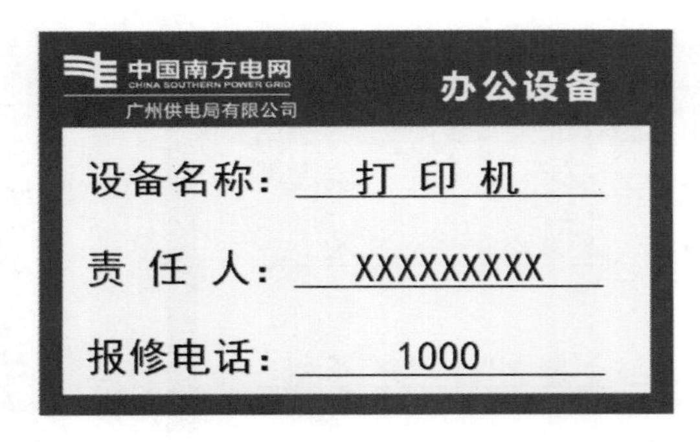

图3.23 文印功能区标识

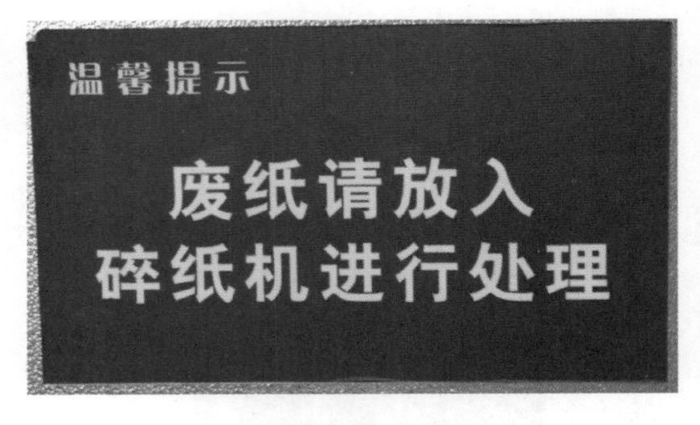

图3.24 文印功能区温馨提示

3.2 会议室

3.2.1 会议室环境

(1) 椅子完好，色调一致，摆放有序，如图3.25所示。

(2) 会议用设备定位放置，功能正常。

(3) 会议桌上物品及时清理，无杂物。

(4) 制定会议使用指引，明确相关维护周期及负责人。

图3.25 会议室

3.2.2 会议室门牌

(1) 使用会议状态可移动板块，根据会议室使用状态进行显示，如图3.26所示。

(2) 会议门牌挂在会议室门正面。

(3) 制作方法：根据南方电网Ⅵ标识进行制作，规格为300mm×210mm。

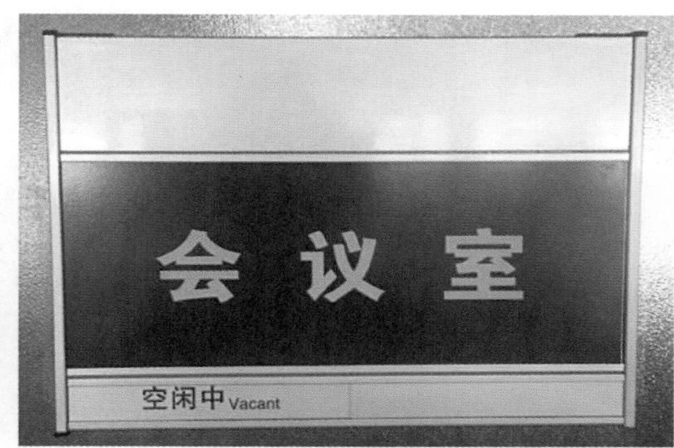

图 3.26 会议室门牌

3.3 公共区

3.3.1 门

（1）不透视门开度范围制作闭门线标识，如图 3.27 所示。

（2）玻璃门中间制作防撞标识，下沿距离地面 1200mm。

（3）内外制作推拉标识，标识于门把手上方 20～50mm 处或可根据实际情况而定，如图 3.28 所示。

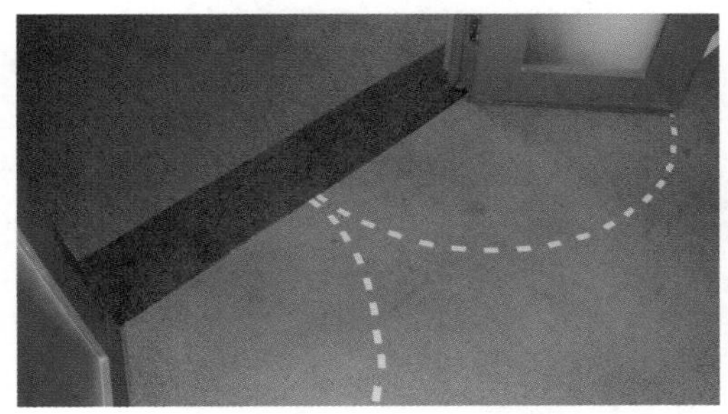

图 3.27 闭门线标识

图 3.28 门的推拉标识

（4）制作方法：闭门线规格为 40mm×18mm；防撞标识宽为 980mm，长度根据玻璃门大小而定；“推”“拉”标识规格为 100mm×100mm。

3.3.2 开关

1. 照明开关

（1）可根据开关实际情况，选择采用直接标签或照明区定制图标识，粘贴于照明开关正上方，横平竖直，如图 3.29 所示。

（2）在照明开关上方增加温馨提示“下班后请将我关闭”等字样。

（3）制作方法：用标签机根据照明开关实际大小进行标识。

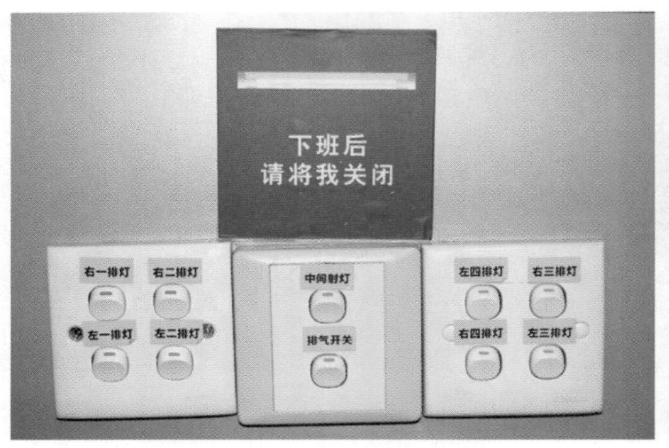

图 3.29　照明开关

2. 空调开关

（1）标签粘贴于空调开关正上方，标识横平竖直。

（2）在空调开关上方增加功能标识。

（3）需张贴温度设定提示，如图 3.30 所示。

（4）制作方法：用标签机根据空调开关实际大小进行标识；标识规格为 87mm×53mm。

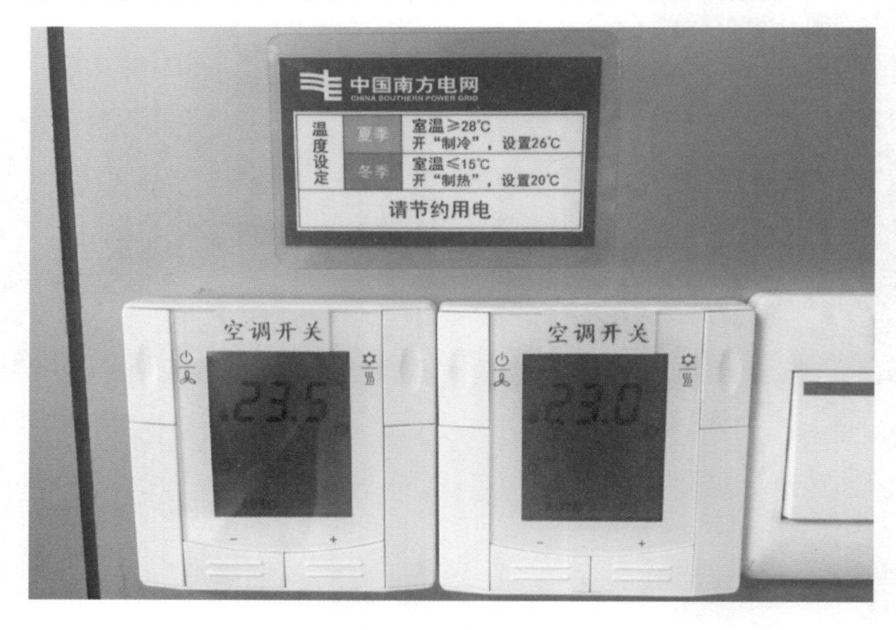

图 3.30　空调开关

3. 电源插座开关

（1）在电源插座开关四周粘贴黄黑相间的警示标识，如图 3.31 所示。

（2）在电源插座开关上方增加功能标识。

（3）制作方法：用标签机根据电源插座开关实际大小进行标识。

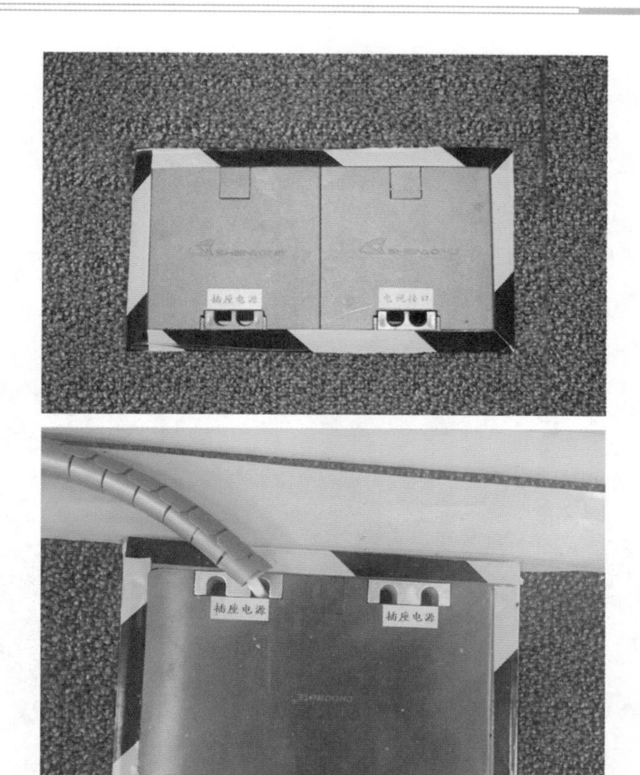

图 3.31　电源插座开关

3.3.3　空调

（1）在空调出风口悬挂飘带，判断空调机运行状态，如图 3.32 所示。

（2）制作方法：飘带长 180～200mm。

图 3.32　空调

3.3.4 茶水间

（1）对饮水机、电热水壶等设备进行归类统一摆放，张贴必要的防烫警示标识，如图 3.33 所示。

（2）饮水桶进行集中统一摆放，划定置线。

（3）对可回收物及不可回收物进行分类区分回收。

（4）制作方法：区域画线定置。

图 3.33 茶水间

3.3.5 洗手间

1. 大小便池

（1）保持便池干净清洁，无烟头、痰渍、污渍，定期消毒。

（2）便池保持日常保养，设施处于正常可用状态，不漏水。

（3）小便池“温馨提示”置于便池上方，大便池标识粘贴在便池门正面，如图 3.34 所示。

（4）制作方法：小便池“温馨提示”规格 300mm×300mm；便池类型图标规格 80mm×80mm，高度约 1600mm，具体以实际门尺寸大小确定。

图 3.34　小便池和大便池标识

2. 清洁用具

（1）将清洁用具分类整齐摆放，使用完毕后按要求放回，如图 3.35 所示。

（2）定期对清洁用具进行维护保养，确保清洁用具无破烂、破损。

（3）制作方法：“温馨提示”牌根据实际情况确定大小。

图 3.35　清洁用具摆放

3. 手纸盒及垃圾桶

（1）手纸盒中间靠上位置张贴“温馨提示”，如图3.36所示。

（2）杂物投放垃圾桶提示粘贴于垃圾桶上方180mm处。

（3）垃圾桶需进行画线定置。

（4）制作方法：用标签机根据空调开关实际大小进行标识，标识规格为87mm×53mm。

图3.36 手纸盒及垃圾桶

3.3.6 废弃物临时放置区

（1）通过划线，设定废弃物临时放置区域，职工可将大件废弃物品在此进行临时摆放，如图3.37所示。

图3.37 废弃物临时放置区

（2）每日下班后由保洁员进行清理。

（3）制作方法：区域画线定置。

3.4 办公指引

3.4.1 人员座位分布图

（1）根据楼层人员实际的座位位置进行定置，人员采用可移动式磁贴，方便日后人员进行位置调整时进行更改。

（2）在办公区域主要出入口分别挂置，如图 3.38 所示。

（3）制作方法：人员座位分布图规格为 400mm×280mm。

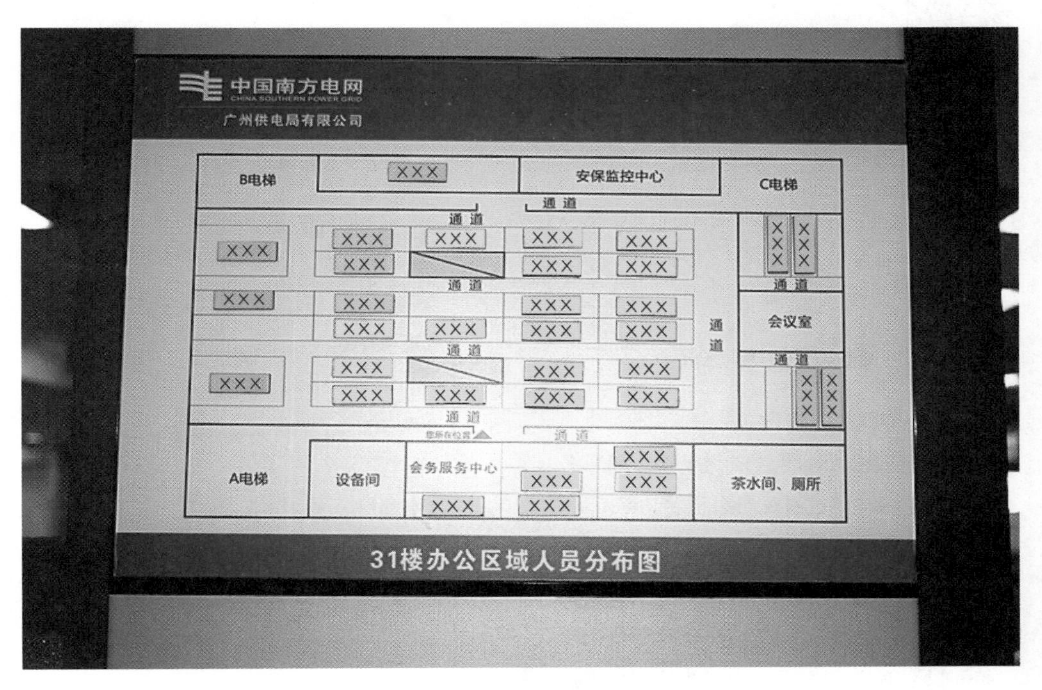

图 3.38 人员座位分布图

3.4.2 会议室预约牌

（1）定置在会议室外，按照周一至周五、上午、下午进行分格插槽，如图 3.39（a）所示。

（2）制定会议使用指引，明确相关会议饮用水申请、会议室维护负责人等信息，如图 3.39（b）所示。

（3）会议预约时打印《会议室预约表》，并放置在对应的会议时间插槽内，如图 3.39（c）所示。

（4）制作方法：会议室安排栏规格为 650mm×460mm，预约纸规格为 151mm×110mm。

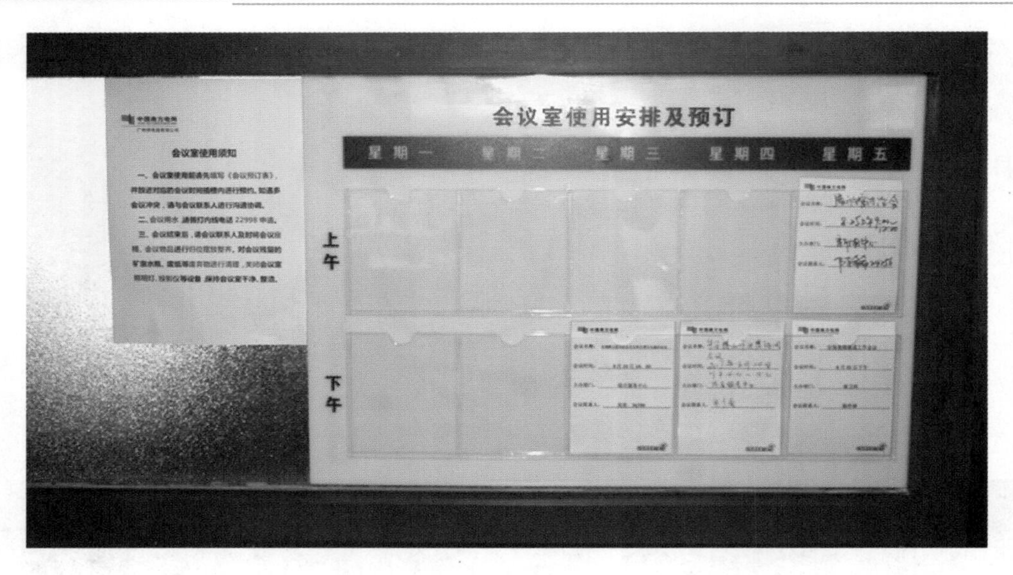

(a) 会议室预约牌

中国南方电网
CHINA SOUTHERN POWER GRID
广州供电局有限公司

会议室使用须知

一、会议室使用前请先填写《会议预订表》，并放进对应的会议时间插槽内进行预约。如遇多会议冲突，请与会议联系人进行沟通协调。

二、会议用水，请拨打内线电话22998申请。

三、会议结束后，请会议联系人及时将会议座椅、会议物品进行归位摆放整齐。对会议残留的矿泉水瓶、废纸等废弃物进行清理，关闭会议室照明灯、投影仪等设备，保持会议室干净、整洁。

(b) 会议室使用须知

中国南方电网
CHINA SOUTHERN POWER GRID

会议名称：__________

会议时间：__________

主办部门：__________

会议联系人：__________

让您满意每一度

(c) 会议室预约表

图 3.39 会议室预约

3.4.3 消防应急疏散示意图

（1）消防应急疏散示意图需标明所在楼层、走火路线、消防器材放置分布、区域功能划分、人员当前位置等信息，如图3.40所示。

（2）消防应急疏散示意图需置于区域明显位置，以便人员查看。

（3）制作方法：标识牌材质为亚克力板、PVC 板、KT 板。

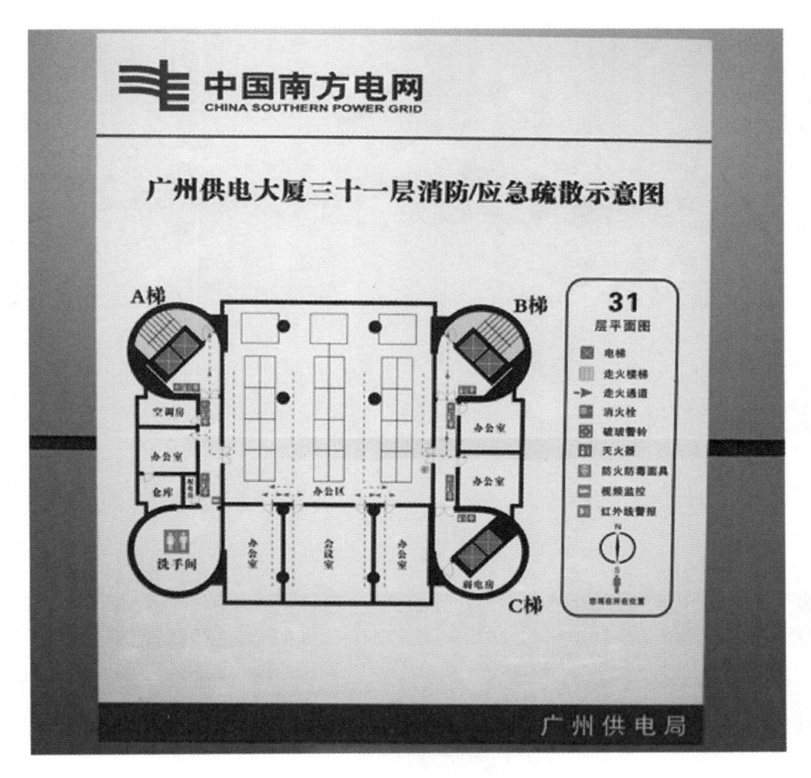

图 3.40　消防应急疏散示意图

第4章 输电生产区7S⁺目视化标准

4.1 电缆隧道出入口

（1）隧道始端、末端出入口需配备图文式简介，需包含隧道路径走向、出入口数量及位置、紧急逃生口、风机房、通风口等信息，如图4.1所示。

图4.1 隧道简介

（2）隧道内近隧道路面出入口位置需配备隧道平面示意图，标明隧道路面出入口至隧道内部出入口之间的空间结构，如图4.2所示。

（3）隧道出入口标识牌请参考《广州供电局电力隧道安健环设施安装指引（试行）》第2章，工井出入口区域，如图4.3所示；如隧道路面出入口，具备停车的可能，应配备“禁止停车”标识；出入口门框内径高低于2m的，应配备“当心碰头”标识，尺寸参照《广州供电局电力隧道安健环设施安装指引（试行）》标识尺寸要求。

（4）隧道内近隧道路面出入口位置，应粘贴隧道巡视标准、隧道巡视人员要求、消防安全等制度规定，如图 4.4 所示。各标识尺寸可依据隧道出入口空间大小灵活调整，原则应使各标识尺寸、颜色、版式、安装位置保持统一。

（5）制作方法：标识牌材质为亚克力板、PVC 板、KT 板。

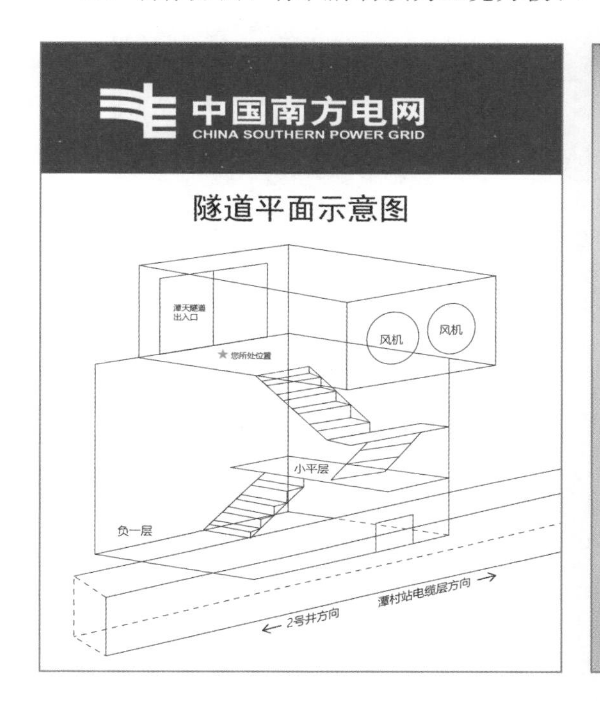

潭天隧道巡视指引

1．进入隧道前，须打开风机，风机启停按钮位于入门右侧墙角处；

2．查看位于右侧墙壁上的有害气体监测屏及一旁的空气参数示意图，若参数处于告警范围，或所携带气体监测仪发出报警，须等待风机将空气含量调节正常后，方可进入隧道；

3．进入隧道前须打开隧道内照明开关，若照明不足，须使用自身携带手电筒，防止由于光线原因产生的磕碰；

4．下雨天气须携带水鞋，预防由于集水井水泵故障导致隧道内积水而无法通行的情况发生；

5．巡视结束后，须将所有携带物品带出隧道，严禁在隧道内抽烟。

图 4.2　隧道示意图及指引说明

图 4.3　隧道入口标识

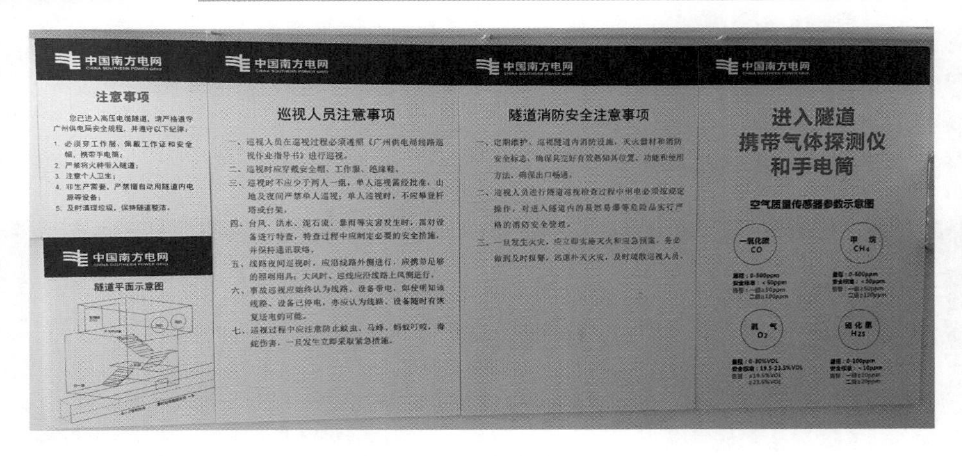

图 4.4　隧道看板

4.2　电缆隧道内部

1. 平面定置图

（1）在定置图上需标识层级区域观察者所在位置、所在层级其他设备分区布置，如图 4.5（a）所示。

（2）楼梯口粘贴“由此上落”标识，标识高度与手扶梯高度保持一致，尺寸参照《广州供电局电力隧道安健环设施安装指引（试行）》标识尺寸要求，如图 4.5（b）所示。

（3）制作方法：标识牌材质为亚克力板、PVC 板、KT 板、金属牌。

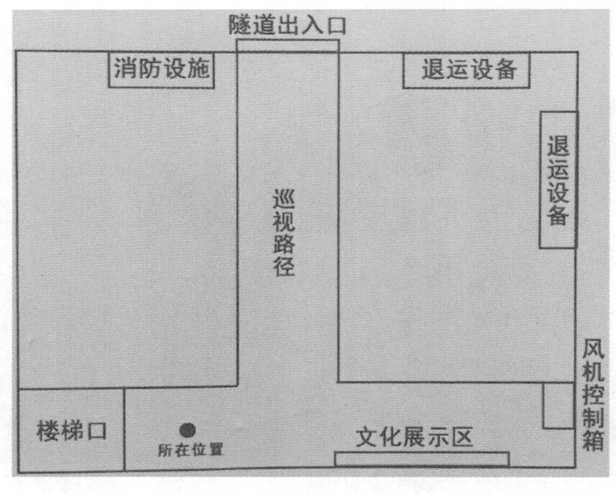

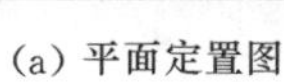
(a) 平面定置图

(b) 内部标识

图 4.5　隧道平面定置图及内部标识

2. 隧道巡视通道

（1）标识规格按照《广州供电局电力隧道安健环设施安装指引（试行）》的 5.4 节。

（2）如隧道电缆已全部敷设完毕，已明确隧道再无大型施工，隧道区域无漏水、渗水等现象，可在隧道地面制作防静电漆，增强地面标识作用。

（3）瓷面地板在巡视路径内粘贴“方向”标识，尺寸参照《广州供电局电力隧道安健环设施安装指引（试行）》疏散途径标志。

（4）采用防静电漆面后，严禁金属、硬物在防静电漆面表面拖、拉。

（5）制作方法：用油漆或定位胶带在巡视路面做标识，如图 4.6 所示。

图 4.6 隧道巡视标识

3. 电缆隧道支架

（1）已运行隧道的电缆支架，定制专用安全警示防撞胶垫。

（2）如因支架尺寸不一，难以制作专用防撞撞胶垫，则采用黄黑相间警示胶带缠绕支架。

（3）转弯处上下层电缆支架长度不一致，在不影响电缆安全运行的前提下，将多余的支架切割重新上防锈漆，并配备防撞胶垫或警示标识。

（4）制作方法：有警示颜色的软胶垫或安全警示标识；电缆支架满足防锈功能、非磁性、满足电缆承重要求，如图 4.7 所示。

图 4.7　电缆支架安全警示目视化标识

4.3　电缆隧道设备

1. 隧道控制设备

（1）控制设备标识包括所属单位、设备名称及编号、上级电源、设备主人，如图 4.8 所示。

图 4.8　控制设备标识

（2）控制箱应配备控制设备检查指引，包括图文检查步骤、巡查制度及常见故障处理，如图4.9所示。

（3）控制箱内部应配备内部线路控制图，如图4.10所示。

（4）在设备附近配备设备检查记录本，悬挂区域进行定置管理，记录本标识应包括记录卡名称、存放地点、设备主人、维护单位及联系方式。

（5）制作方法：材质采用亚克力板、PVC板、KT板。

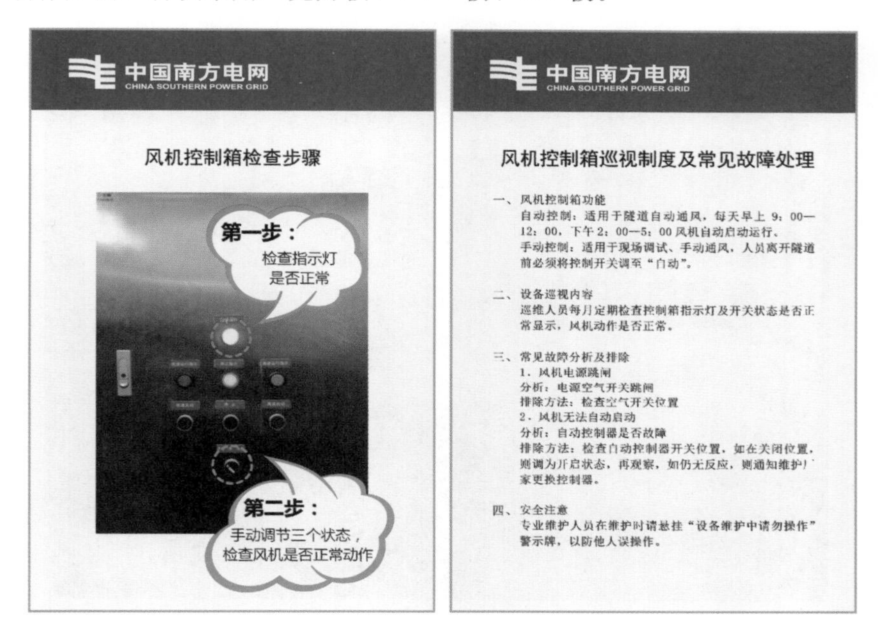

图4.9 控制设备检查指引

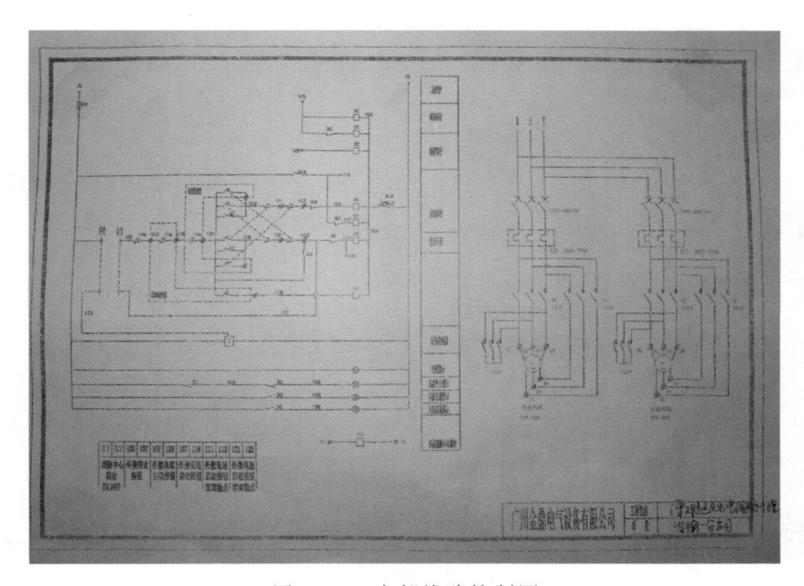

图4.10 内部线路控制图

2. 隧道设备房

（1）设备房入口标识参照《广州供电局电力隧道安健环设施安装指引（试行）》，如图 4.11 所示。

（2）在设备房入口配备设备运维制度及要求，记录本标识应包括记录卡名称、存放地点、设备主人、维护单位及联系方式。

（3）制作方法：标识牌材质为亚克力板、PVC 板、KT 板。

图 4.11　设备房标识说明

3. 隧道弱电设备

（1）隧道弱电设备标识包括所属单位、设备名称及编号、上级电源、设备主人，如图 4.12 所示。

（2）电源开关标识应包括设备名称及编号、上级电源、开关控制区域。

（3）隧道设备退运，未拆除前，在设备中间应粘贴“已退运”标识，红底黑字，如图 4.13 所示。

（4）低压槽盒应在盒体外壳粘贴“低压线槽内敷设线路明细”，列举槽盒内部各管线名称，标识每隔 50m 粘贴一份，规格为 300mm×150mm，如图 4.14 所示。

（5）制作方法：打印、裁剪、过塑、张贴。

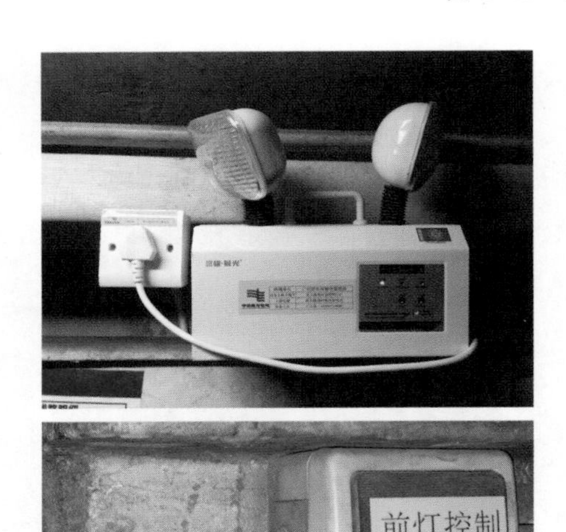

图 4.12　隧道弱电设备标识

图 4.13 设备退运标识

中国南方电网
CHINA SOUTHERN POWER GRID

低压线槽内敷设线路明细		
设备	电压等级/V	类别
风机	380	电缆
水泵	380	电缆
照明	380/220	电线
插座	380/220	电线

图 4.14 低压线槽内敷设线路明细

第 5 章
变电生产区 $7S^+$ 目视化标准

5.1 室内生产区

5.1.1 主控室

（1）主控台面物品均定位放置，经常性放置用品有显示器、键盘、鼠标、音响、电话、五防装置、文件夹、提示水牌及其他必备生产设备。

（2）主控台办公设备布置合理，调度系统、电话及监控屏幕放置在中央位置，其他系统按使用频次、空间位置布置，如图 5.1 所示。

（3）椅子摆放整齐，不使用时靠桌摆放。

（4）制作方法：桌面用品定置按主控台定置标准。

图 5.1 主控室

5.1.2 继保室

1. 整体定置

(1) 所有物品在定置线内摆放。

(2) 室内无工作遗留物品。

(3) 对每排保护屏进行分区编号、定位，如图5.2所示。

(4)“运行中”红布条放置在把手以上位置，平直无下坠。

(5) 制作方法：保护屏分区编号可用Ⅵ牌或过塑纸制作；采用两端带磁铁的“运行中”红布条。

图5.2 继保室

2. 定值单柜

(1) 定值单柜整齐并列布置，如图5.3所示。

(2) 定值单柜存放处地面制作定置存放区域线。

(3) 定值单柜统一编号，标识张贴于右上角，标识规格为24mm×100mm黄色标签带。

(4) 每个抽屉按电压等级和间隔逻辑关系做好相应的编号及内容名称，标识张贴于抽屉外沿，标识规格按实际大小用黄色标签带，如图5.4所示。

图5.3 定值单柜

图5.4 定值单柜细节

（5）定值单抽屉内不得存放无关材料或作废定置单。

（6）制作方法：标签带打印或彩纸打印过塑后张贴。

3. 定值单存放

（1）制作定值单封面，标注保护装置、定值编号及执行日期，如图 5.5（a）所示。

（2）定值单放入透明文件夹内，摆放整齐，如图 5.5（b）所示。

（3）定值单按抽屉标示存放。

（4）制作方法：统一抽屉标签格式，封面纸质打印。

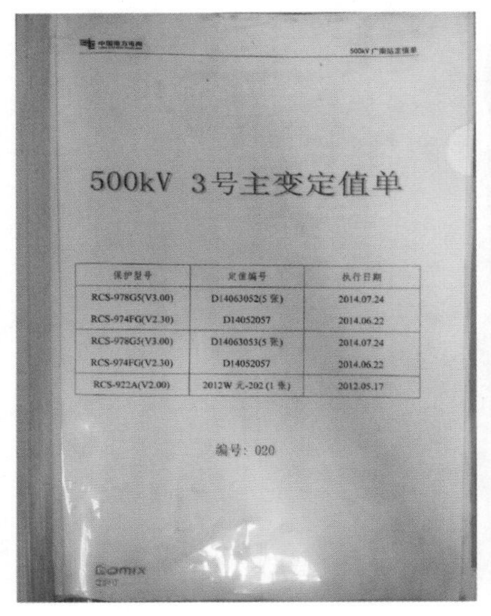

(a) 定值单封面

(b) 定值单存放

图 5.5　定值单存放目视化

4. 安全设施小柜

（1）安全设施小柜固定存放并划定区域线，如图 5.6 所示。

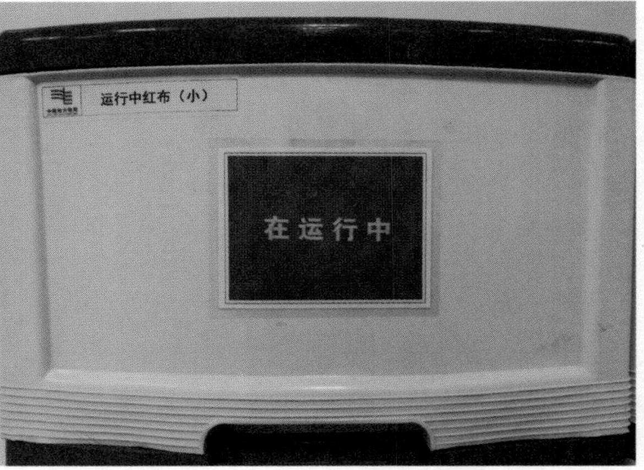

图 5.6　安全设施小柜

（2）抽屉内放置适当数量的安全设施，并整齐摆放。

（3）抽屉正面张贴安全设施定置标识（物品名及图片）。

（4）应按使用频次高低顺序从上至下定置安全设施。

（5）制作方法：定位线用胶带或油漆制作，安全设施标示打印剪裁过塑后张贴。

5. 带式伸缩围栏

（1）保留适当数量的带式伸缩围栏，避免大量堆积。

（2）定置位置地面划定好定置线。

（3）应将警示带回收，围栏整齐并列布置，如图5.7所示。

（4）制作方法：标识画线。

图5.7 带式伸缩围栏目视化

图5.8 低压室目视化

5.1.3 低压室

（1）低压室内物品摆放整齐，画线定置，如图5.8所示。

（2）用标签标明下级存在合环情况的开关。

（3）地面清洁无杂物。

（4）入口处设置防鼠挡板。

（5）制作方法：开关标示用标签带打印。

5.1.4 蓄电池室

（1）蓄电池外观清洁，画定位线，如图5.9所示。

（2）其他物品摆放整齐，画线定置。

（3）蓄电池室温度控制为5～35℃。

图5.9 蓄电池室

5.1.5 电缆层

（1）电缆层内干净整洁，如图5.10所示。

（2）电缆布线整齐，无下坠情况。

（3）防火封堵良好，防火泥无掉落。

（4）在电缆架上张贴防止碰头线。

（5）制作方法：防止碰头线按安健环标准制作。

图 5.10　电缆层

5.1.6　中央配电室

（1）配电屏及应急发电车接入装置地面划定位线，如图 5.11 所示。

（2）应急发电车接入装置门关紧，按安健环要求制作Ⅵ标示。

（3）室内无堆放杂物。

图 5.11　中央配电室

5.1.7　消防水泵房

（1）水泵房地面干净整洁，如图 5.12 所示。

（2）水泵房设施划定位线。

（3）消防管网漆色完好，无脱落现象。

（4）管道上制作介质流向标识。

（5）制作方法：介质流向标识用油漆喷涂或即时贴刻字张贴。

图 5.12 消防水泵房

5.1.8 站用变室

（1）站用变箱体地面划定位线。

（2）站用变室内保持清洁、整齐，如图 5.13 所示。

（3）站用变箱体表面张贴设备标识及“有电危险”标识。

图 5.13 站用变室

5.2　高压设备区

5.2.1　场地入口安全标识

（1）安全标识牌设置在场地出入口，如图 5.14 所示。

（2）安全标识牌图文并茂、能反映各类安全标志及其含义，以及人员进入场地安全要求。

（3）看板应保持干净、无脱落，看板区域不能被遮挡。

（4）制作方法：标识牌材质为亚克力板、PVC 板、KT 板等。

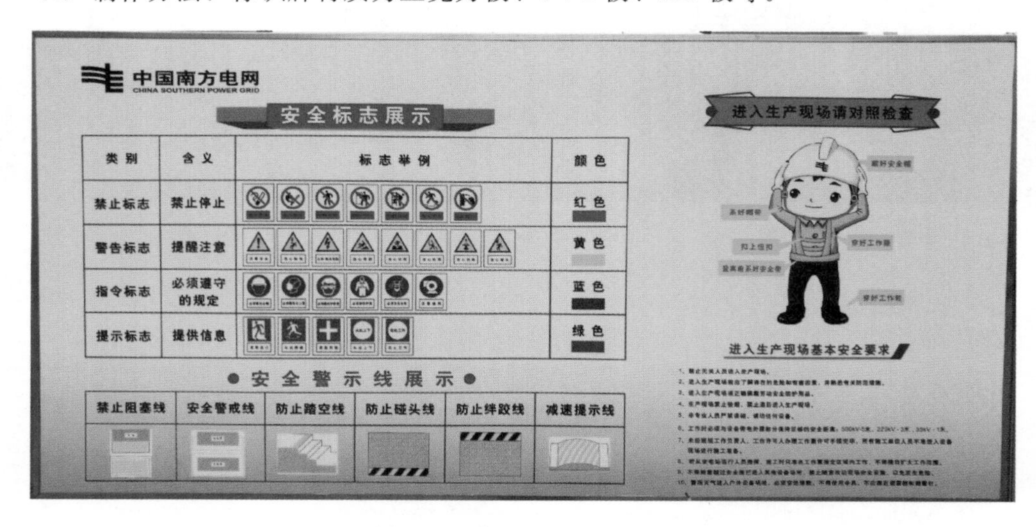

图 5.14　场地入口安全标识

5.2.2　重点运维设备

（1）变电站重点运维设备必须挂重点运维设备牌，如图 5.15 所示。

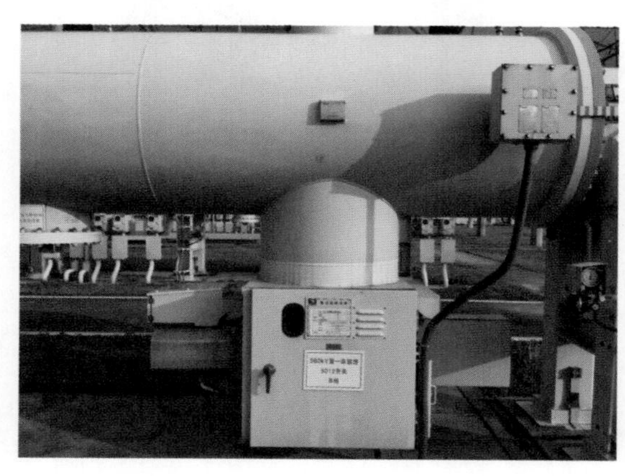

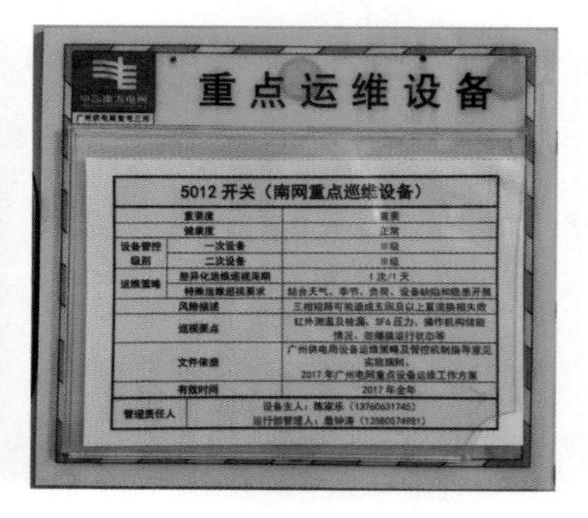

图 5.15　重点运维设备

（2）重点运维设备牌应设置在设备开关机构箱或汇控柜正前方。

（3）重点运维设备牌应列出重要度、健康度、设备管控级别、运维策略、风险描述、巡视要点、文件依据、有效时间及管理责任人。

（4）指示牌应保持干净、无脱落，看板区域不能被遮挡。

（5）指示牌规格为 220mm×180mm。

（6）制作方法：重点运维设备牌采用纸张打印。

5.2.3 工作中存在风险的设备

（1）在存在风险的设备上张贴标示提醒作业人员，如在 CVT 端子箱张贴 CVT 二次线接线前、接线后拍照比对（图 5.16），验收时对末屏接地情况进行测量，检查接线盒密封良好的工作提示。

（2）制作方法：标签打印。

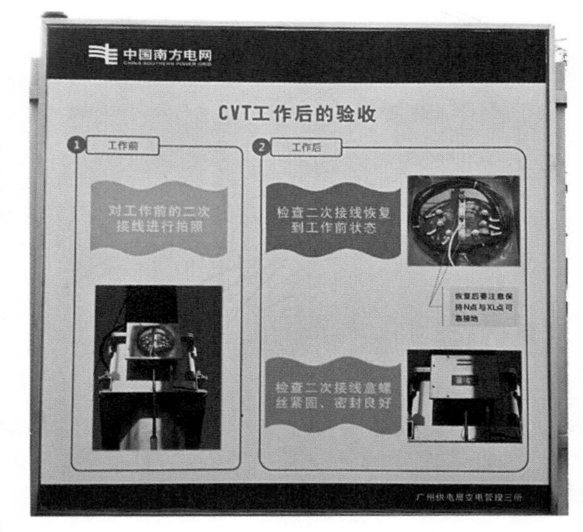

图 5.16　设备风险辨识与提示

5.2.4 红外巡视设备

（1）技能指导牌可以用场地原有的老旧标语牌为基础进行翻新。

（2）看板内容要求图文并茂，以实际现场工作所需要的技能为主，体现培训、指导价值，如图 5.17 所示。

（3）看板应保持干净、无脱落。

（4）制作方法：看板材质为亚克力板、PVC 板、KT 板。

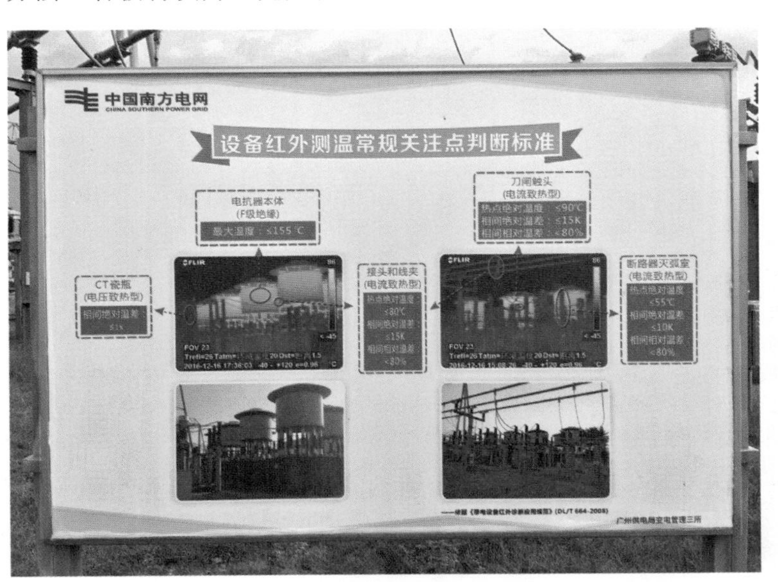

图 5.17　技能指导牌

5.2.5　GIS/HGIS 设备

（1）GIS/HGIS 刀闸操作六项检查指引牌图文并茂，设置在 GIS/HGIS 设备前方。

（2）GIS/HGIS 刀闸操作六项检查指引牌应列出正常指示与不正常指示情况，如图 5.18 所示。

（3）看板应保持干净、无脱落，看板区域不能被遮挡。

（4）制作方法：指引牌材质为亚克力板、PVC 板、KT 板。

图 5.18　GIS/HGIS 刀闸操作六项检查指引牌

5.3　功能室

5.3.1　资料室

（1）资料柜内清洁整齐。

（2）所有资料放在文件盒内。

（3）资料盒上划红色定位线，按顺序排列，如图 5.19（a）所示。

（4）资料柜侧面应设置资料索引，如图 5.19（b）所示。

5.3.2　材料室

（1）材料架地面划定位线。

（2）物品定置摆放在材料架上，物品摆放要便于取用，如图 5.20（a）所示。

（3）做好物品名称、用途标识，物品库存情况用颜色标示，绿色为标准库存量，黄色为提示补充，红色为立即补充，如图 5.20（b）所示。

（4）制作方法：库存标示可用纸张打印或标签纸。

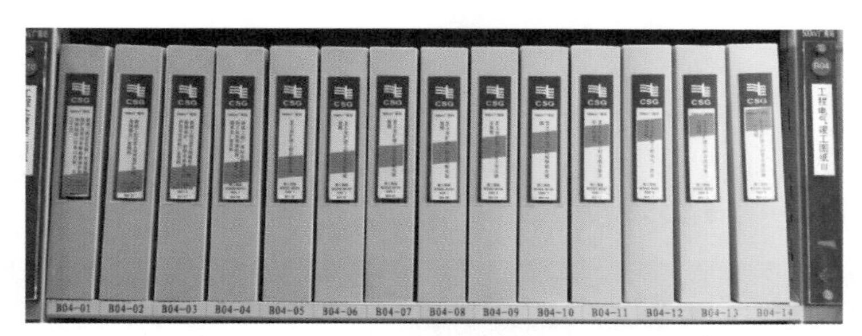

(a) 资料盒定位线

中国南方电网
CHINA SOUTHERN POWER GRID

35kV设备及公用设备图纸资料		主变、500kV、220kV设备图纸资料	
D01	35kV设备厂家资料Ⅰ	主变压器厂家资料Ⅰ	C01
D02	35kV设备厂家资料Ⅱ	主变压器厂家资料Ⅱ	C02
D03	35kV设备厂家资料Ⅲ	主变压器厂家资料Ⅲ	C03
D04	35kV设备竣工图纸	主变压器竣工图纸	C04
D05	35kV设备施工图纸	主变压器施工图纸	C05
D06	备　用	主变压器厂家资料Ⅳ	C06
D07	变电站公用设备厂家资料Ⅰ	500kV设备试验记录	C07
D08	变电站公用设备厂家资料Ⅱ	500kV设备一次厂家资料	C08
D09	变电站公用设备厂家资料Ⅲ	500kV设备竣工图纸Ⅰ	C09

(b) 索引

图 5.19　资料室

(a) 材料架

(b) 颜色标示库存情况

图 5.20　材料室

5.3.3　安全设施室

(1) 安全设施室清洁、整齐，如图 5.21 所示。

(2) 安全设施室配备的物资（铁饼、杆、围网、各类安全指示牌及其他安全设施）做好定置管理，易取、易放、易管理。

（3）铁饼放置于不锈钢框中，安全围网放置于胶箱中，需整齐摆放，并盖紧箱盖。

（4）各类安全指示牌位放置整齐。

（5）制作方法：物资分类画线用10mm宽黄色定位线或标签带；物资标识打印裁剪过塑后张贴，规格为12mm×200mm。

图5.21　安全设施室

5.4　操作指引

5.4.1　保护屏报文打印

（1）图片清晰，文字正确。

（2）步骤正确，具有可操作性。

（3）使用专用标签纸打印，宽度为73mm，张贴于保护屏边，如图5.22所示。

（4）制作方法：彩打裁剪过塑后张贴或大标签机打印张贴。

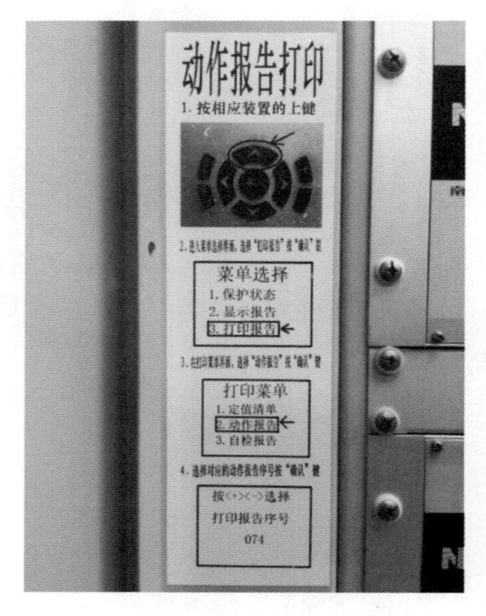

图5.22　保护屏报文打印

5.4.2　测量压板操作

（1）文字正确，无错别字。

（2）步骤正确，具有可操作性，如图5.23所示。

（3）标注“专用接地端”。

（4）指引规格为70mm×50mm，贴在压板右上方。

（5）制作方法：使用大标签机打印。

图 5.23　测量压板操作指引

5.4.3　温湿度计指引

（1）在需要温湿度控制的室内装设温湿度计，如图 5.24 所示。

（2）温度设置、相对湿度设置与实际相符。

（3）使用 24mm×75mm 的黄色标签纸打印，统一贴在温湿度计下方位置。

（4）制作方法：标签打印。

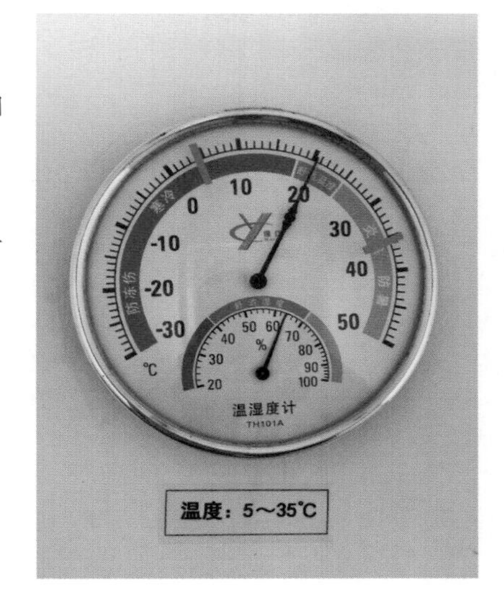

图 5.24　温湿度计指引

5.4.4　水喷雾紧急手动启动操作

（1）图片清晰，文字正确，如图 5.25 所示。

（2）步骤正确、直观，具有可操作性。

（3）背景简洁，主体内容醒目。

（4）指引张贴于水泵水喷雾泵旁。

（5）规格为 320mm×220mm。

（6）制作方法：指引材质为亚克力板、PVC 板、KT 板等。

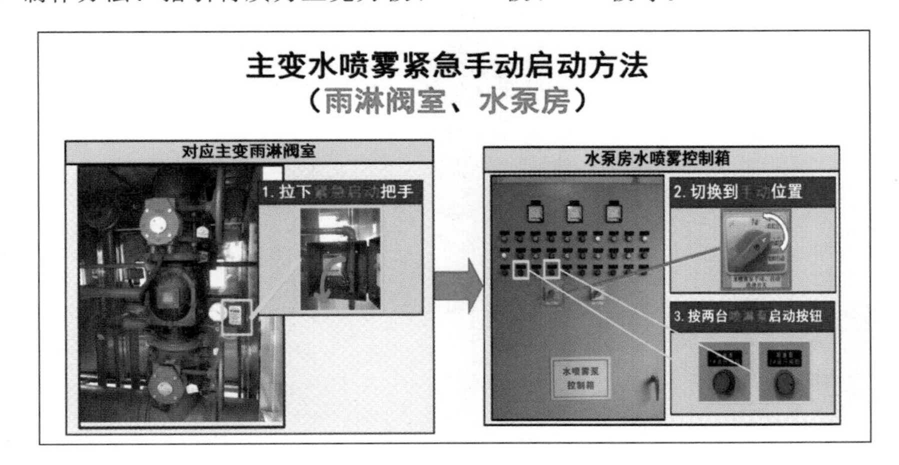

图 5.25　水喷雾紧急手动启动操作指引

5.4.5　水喷雾消防主机紧急手动启动操作

（1）图片清晰，文字正确，如图 5.26 所示。

（2）步骤正确、直观，具有可操作性。

（3）背景简洁，主体内容醒目。

（4）统一贴在消防主机液晶显示面板右侧。

（5）规格为 220mm×148mm。

（6）制作方法：指引材质为亚克力板、PVC 板、KT 板等。

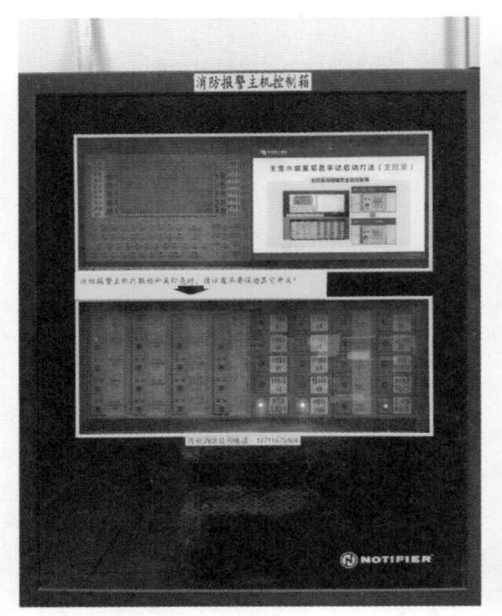

图 5.26　水喷雾消防主机紧急手动启动操作指引

5.4.6　应急发电机紧急接入操作

（1）图片清晰，文字正确，如图 5.27 所示。

图 5.27　应急发电机紧急接入操作指引

（2）步骤正确、直观，具有可操作性。

（3）背景简洁，主体内容醒目。

（4）指引张贴在应急发电机正面。

（5）规格为 600mm×450mm。

（6）制作方法：指引材质为亚克力板、PVC 板、KT 板等。

5.4.7 正压式呼吸器使用指引

（1）图片清晰，文字正确，如图 5.28 所示。

（2）步骤正确、直观，具有可操作性。

（3）背景简洁，主体内容醒目。

（4）张贴于正压式呼吸器存放位置。

（5）制作方法：指引材质为亚克力板、PVC 板、KT 板等。

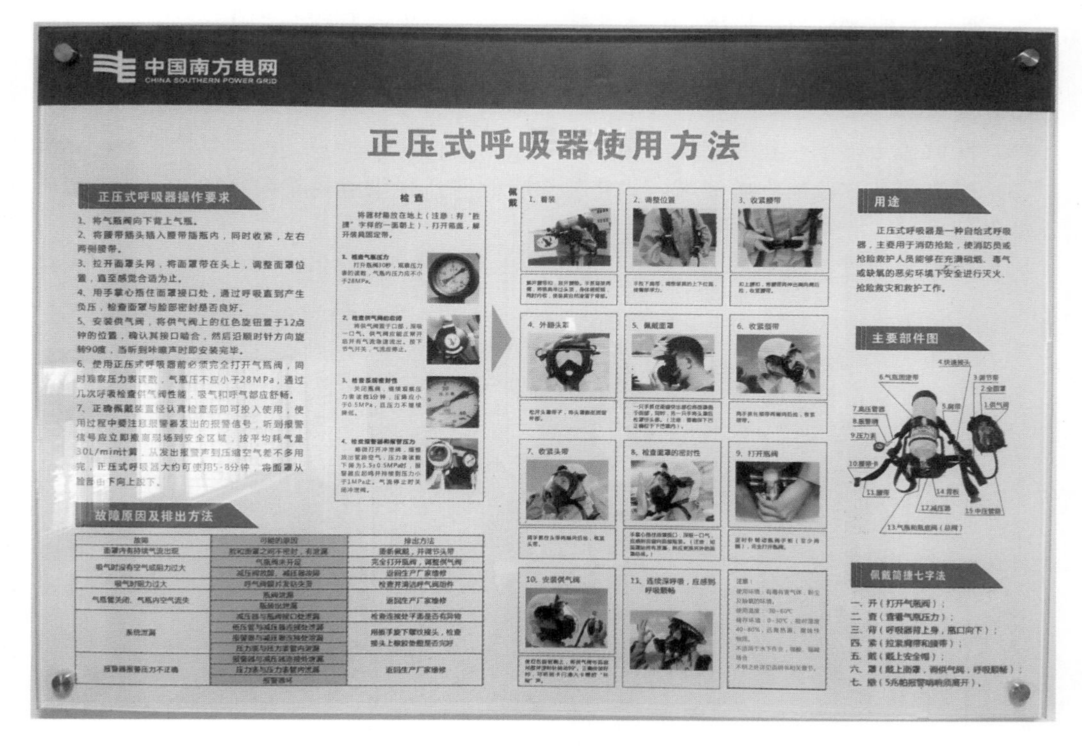

图 5.28　正压式呼吸器使用指引

第6章 配电生产区 $7S^+$ 目视化标准

6.1 配电房外部环境

（1）配电房门口无杂物堆积，配电房外部环境如图6.1所示。

（2）配电房与树木、建筑物保持足够的安全距离。

（3）配电房名称标牌完整清晰，规格要求参照《广州供电局有限公司10kV及以下配网标准设计（2017版）》第3～7部分。

（4）配电房门口地面平整。

图6.1　配电房外部环境

6.2 配电房内部

1、地面

（1）配电房地面扫绿色地坪漆，如图6.2所示。

（2）配电房地面平整，坑板等无明显破损、开裂。

（3）地面无明显积尘。

（4）制作方法：建议地面铺设绿色地坪漆。

2. 设备本体

（1）设备本体如图 6.3 所示，要求无缺陷、无异味、无异响。

（2）设备本体表面无明显积污、积尘。

（3）设备状态正常，仪表指示正常，与图纸状态相符。

（4）设备铭牌清晰。

图 6.2　配电房内地面标识

3. 设备接线

（1）设备接线三相方向一致统一，接线尽量简短。

（2）接线端固定可靠，尽量沿线槽敷设。

（3）二次接线数量较多时应采用绑扎或专用线槽固定连接，如图 6.4 所示。

图 6.3　设备本体

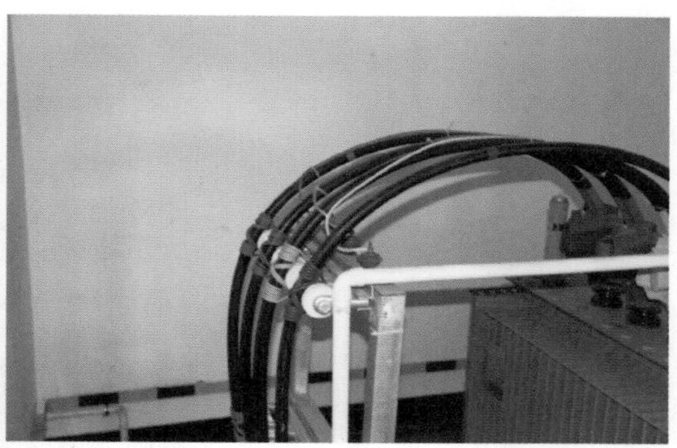

图 6.4　设备接线

（4）接线不宜过长或扭曲较多。

（5）三相接线应与设备三相相色一致。

（6）接地应牢固可靠。

（7）制作方法：采用绝缘胶布或扎线绑扎，也可采用热缩管固定。

4. 二次终端

（1）DTU 站所终端等应标注与一次设备的对应关系，采用 18mm 黄色标签纸，字体建议为微软雅黑三号，如图 6.5 所示。

（2）各控制回路应标注 TA 变比大小，采用 24mm 黄色标签纸，字体建议为微软雅黑小四号，压板下方应白色标签纸标注分合闸指示。

（3）终端箱应在左下角位置标注终端位置、电话号码以及序列号等重要信息，采用黄底黑字，标签纸大小不超过 300×200mm。

（4）制作方法：采用黄色标签纸。

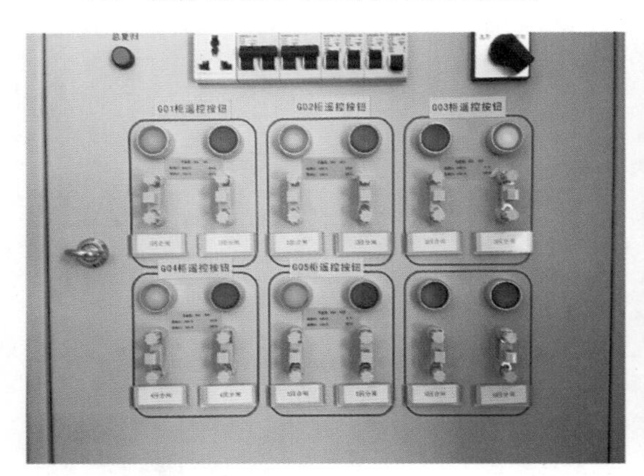

图 6.5　二次终端

5. 接地设施

（1）接地铜排或铜棒应采用黄绿相间绝缘漆标识，需要引出的位置应无绝缘漆覆盖，如图 6.6 所示。

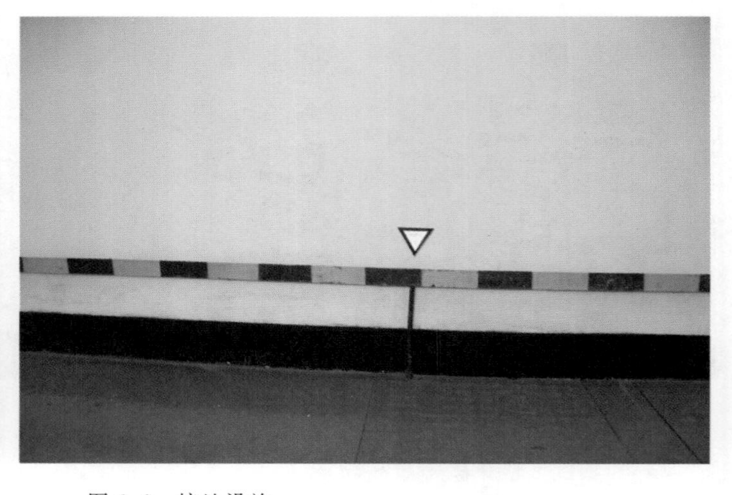

图 6.6　接地设施

(2) 接地设施应牢固可靠，接地电阻满足中低压运行标准要求。

(3) 接地铜排或铜棒规格参照《广州供电局有限公司 10kV 及以下配网标准设计(2017 版)》要求。

(4) 接地引出位置应有明显接地标识，相关标识参考南网《配电网安健环设施标准》1.65 部分。

(5) 制作方法：接地铜排或铜棒喷扫绝缘漆。

6. 防鼠设施

(1) 防小动物挡板宜采用工程塑料、铝合金、不锈钢等不易生锈、变形的材料制造，其上部应按设置防止绊跤线标志，如图 6.7 所示。

(2) 防小动物挡板应放置于电房门之间的卡槽内，不能随意取下。

(3) 开关柜底部和墙壁洞口用防鼠泥封堵。

(4) 变压器两侧加塑胶护套，护套颜色与三相标色一致。

(5) 防小动物挡板规格尺寸可参考南网《配电网安健环设施标准》1.8.9.6，挡板上应有安全警示提醒标语。

(6) 制作方法：材质为工程塑料、铝合金、不锈钢挡板。

图 6.7　防鼠设施

7. 环境控制箱

(1) 环境控制箱包括电风扇、驱鼠器、加热丝、红外灯 4 个部分。

(2) 实现对配电房温湿度、通风环境参数的自动控制调节。

(3) 固定在电房门口内侧距离电房照明开关较近位置。

(4) 控制箱的高度建议不超过 300mm，宽度不超过 200mm。

(5) 控制箱表面有电子显示屏用于显示配电房环境参数，如图 6.8 所示。

(6) 制作方法：采用塑料盒。

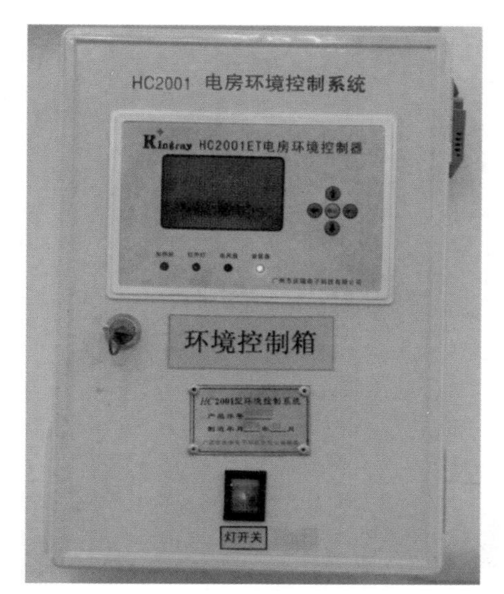

图 6.8　环境控制箱

8. 通风装置

(1) 通风装置主要为抽风机，位于电房顶端，如图 6.9 所示。

(2) 抽风装置应配置专用抽风管道，管道为乳白色 PVC 塑料材质，并标注介质流向。

(3) 固定在电房门口内侧距离电房照明开关较近位置。

(4) 抽风装置应可靠开启。

图 6.9　安装通风装置

（5）通风管道侧面应有“注意通风”标识牌。

（6）通风管道直径建议不小于 200mm。

9. 工具箱

（1）配电房工具箱（图 6.10）应安装在易于取放工具的位置。

（2）箱体宜用上墙安装的铝合金箱，当采用 SMC、有机玻璃钢等其他材质时，箱体宜为灰色，尺寸应为 680mm×560mm×200mm（或 100mm）。

（3）工具箱应带有的中国南方电网 logo 以及 95598 标识。

（4）工具箱三个字应写位于工具箱中上部。

（5）工具箱内应定置管理张贴各类工具、标识牌标签。

（6）制作方法：工具箱材质为不锈钢板或铝合金、SMC、有机玻璃钢。

10. 消防设施

（1）应配置配电房专用灭火器箱及灭火器。

（2）灭火器应在有效期内。

（3）灭火器箱有维护责任人和编号，编号按照 1 号、2 号依次编写，采用 18mm 黄色标签纸打印，字号建议为宋体四号。

（4）灭火器标识牌参照南网《配电网安健环设施标准》1.56 消防安全标志及设置规范，如图 6.11 所示。

（5）配置要求参照南网《配电网安健环设施标准》附录 D 配电站和开关站安健环安装标准参考。

（6）制作方法：采用铝合金铁皮箱。

图 6.10　配电房工具箱

图 6.11　配电房消防设施标识

6.3 巡视指引

1. 设备结线图

（1）设备结线图完整准确，如图 6.12 所示。

（2）设备状态与配电房设备实际状态对应。

（3）设备结线图潮流走向与实物走向对应。

（4）结线图无涂改和明显积尘。

（5）塑料夹板、底板、面板为透明色，具体要求参照《广州供电局有限公司 10kV 及以下配网标准设计（2017 版）》。

（6）制作方法：塑料夹板螺丝上墙固定。

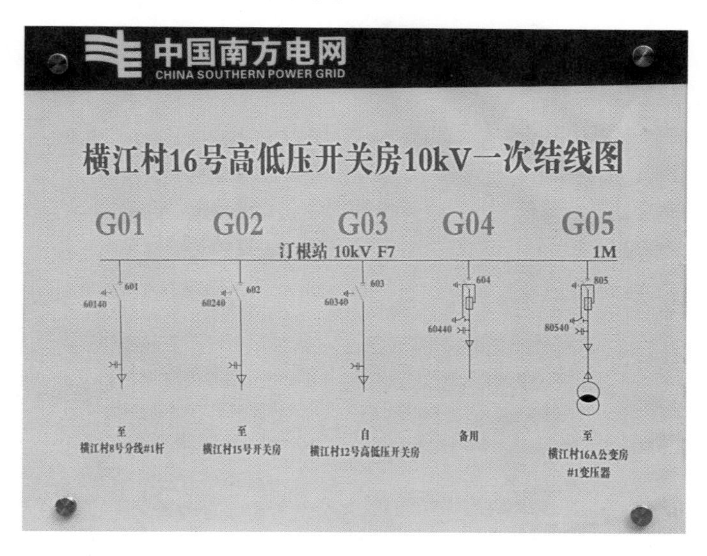

图 6.12　设备结线图

2. 配电房平面布置图

（1）清晰标识出配电房开关柜、变压器等主要设备功能分区以及配电房门、消防设施位置，如图 6.13 所示。

（2）配电房平面布置图应悬挂于配电房门内侧入口位置。

（3）A3 纸大小横向彩印，采用不锈钢＋底板裱喷画＋粘贴透明亚克力盒。

（4）平面布置图应与配电房设备实物对应。

（5）制作方法：亚克力盒螺栓固定上墙或 PVC 板、KT 板喷绘后墙面张贴。

3. 水位警示牌

（1）水位警示牌安装固定于配电房门口明显可视位置，如图 6.14 所示。

（2）安装高度以可能涉水平面线为适宜。

（3）白红黄三色底色，呈 90°，安装应用不锈钢螺丝直角 90°贴墙角固定。

（4）制作方法：采用不锈钢牌。

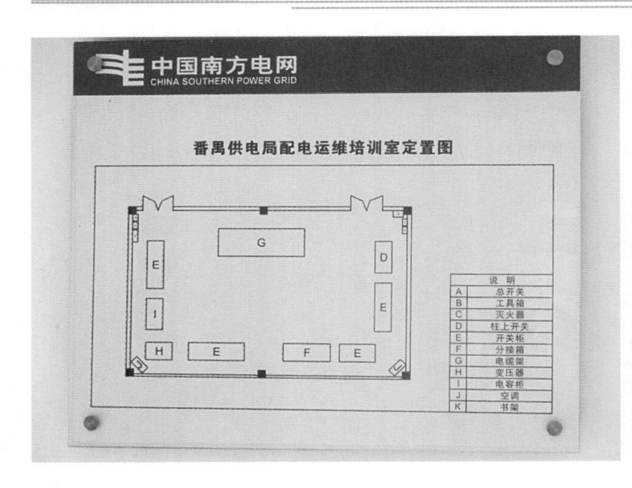

图 6.13　配电房平面图

图 6.14　水位警示牌

4. 安全标识牌

(1) 安全标识牌完整、准确，如图 6.15 所示。

(2) 安全标识牌应悬挂固定于电房门口，距离地面 1.5～2m。

(3) 字体为黑色字体，其他具体要求参照南网《配电网安健环设施标准》1.5 安全标志部分。

(4) 制作方法：塑料白底板。

图 6.15　安全标识牌

5. 设备标识牌

(1) 安健环完整准确、标识清晰。

(2) 各类标识牌易于取放。

(3) 安健环标识牌与设备实际状态对应。

(4) 设备标识标签张贴位置统一整齐，无遮挡设备本体或操作孔位置，如图 6.16

所示。

（5）其他规格要求参照《广州供电局有限公司10kV及以下配网标准设计（2017版）》第3～7部分、南网《配电网安健环设施标准》1.65电房及户内配电设备标志及设置规范部分。

（6）制作方法：标签纸粘贴或磁吸白底胶牌。

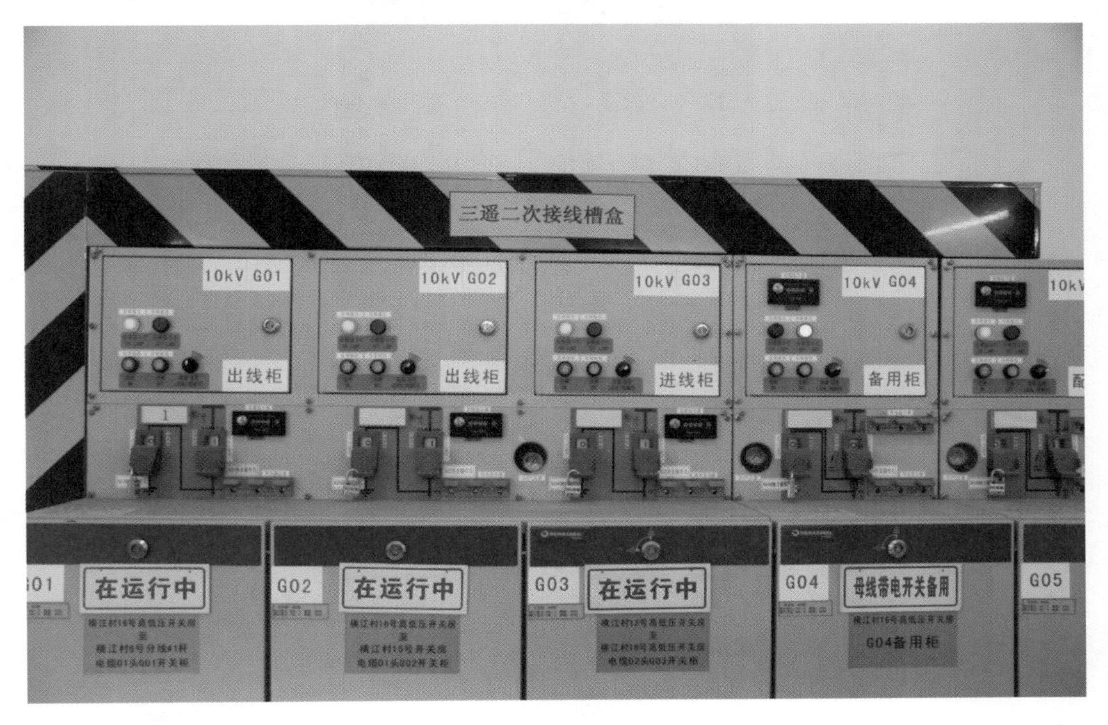

图6.16 设备标识牌

6. 作业指导书

（1）将作业指导书简化为图文版，通过实物与图片比对反映巡视工作等重点，提高发现问题能力，如图6.17所示。

（2）只列出巡视作业等关键步骤和标准，便于判断异常情况。

（3）每个设备的作业指导书为单面A4纸大小。

（4）作业指导书应张贴在设备柜门或配变围网等方便观察的位置。

（5）作业指导书中描述文字不宜过多，文字根据提示性要求采用黑色、红色或绿色。

（6）制作方法：单面A4纸彩印张贴。

7. 作业手册

（1）列出配电房内电缆头制作、设备试验等关键作业的工序、主要步骤和要求，如图6.18所示。

（2）步骤和要求应动作规范、清晰，能够说明作业要领，文字应尽量简洁。

（3）每块板规格建议为800mm×600mm，每个配电房建议作业手册不超过5块。

（4）作业手册应固定在设备附近容易观察的区域，建议离地1.5m左右。

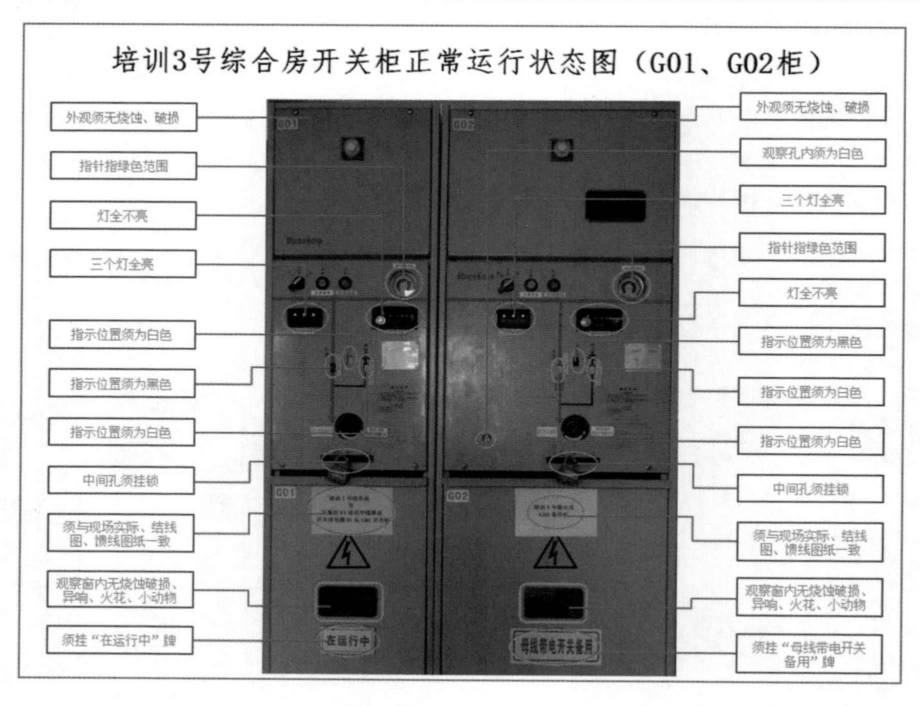

图 6.17　作业指导书

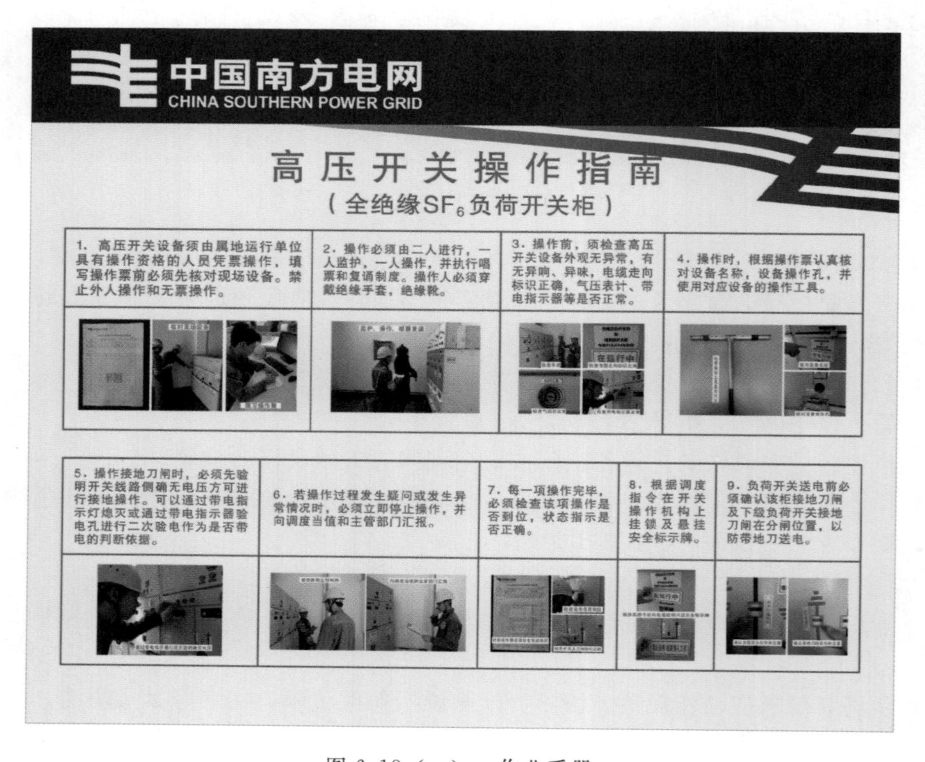

图 6.18（一）　作业手册

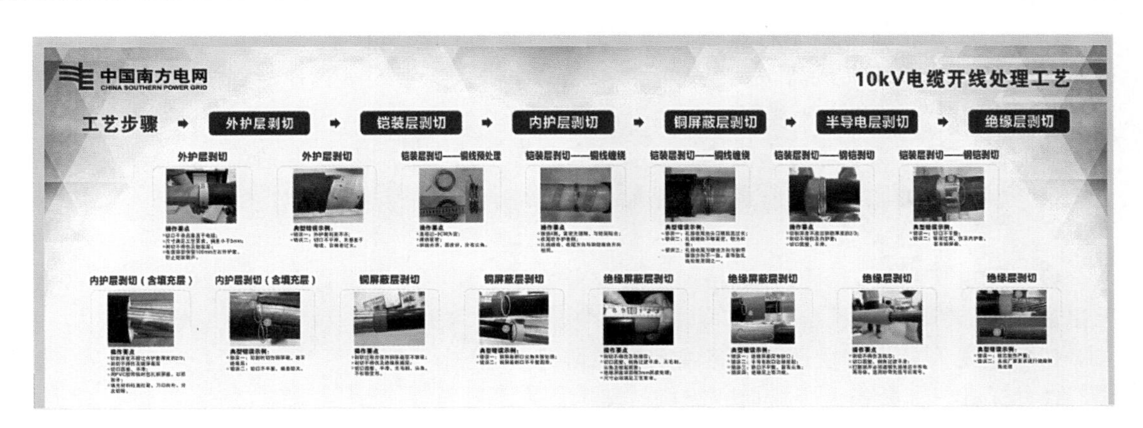

图 6.18（二） 作业手册

（5）制作方法：作业手册材质为不锈钢框架＋镀锌背板裱高清背胶；有机板夹高清背胶。

8. 设备主人标识牌

（1）包含设备名称、设备管控级别、主要风险、设备主人责任、巡视周期安排，如图6.19所示。

番禺局重点运维设备				
设备基本信息	名称	10kV富华园综合房1号变压器		
	厂家	明珠电器		
	型号	SCB-10	形式	干式
	容量	630MVA	投产时间	2013年10月
风险矩阵	重要度	重要		
	健康度	正常		
管控策略	设备管控风险级别	2级		
差异化运维策略	差异化运维巡视周期	两月1次		
	特殊运维巡视要求	防风防汛区，每年3—10月在运维周期内增加一次巡视		
风险描述		该变压器故障停电可能影响低压2300户停电		
巡视要点		负荷、外观、油温、油位、散热器工作情况，红外测温		
巡视依据		南网《中低压配电运行规程》、广州供电局设备运维策略及管控机制指导意见实施细则		
下次巡视到期时间		2017年1月3日		
设备责任人	设备主人：XXX （137191330XX） 运行一班班长：XXX （136022999XX）			

图 6.19 设备主人标识牌示意图

（2）能够直观简洁地了解设备状态和管控等级，可利用红绿灯颜色区分不同管控级别，红色表示管控级别最高，黄色表示管控级别中等，绿色表示管控级别一般。

（3）采用 A4 纸张大小横向或纵向彩印。

（4）夹放于透明亚克力盒固定在设备面板或配电房其他容易观察的位置。

（5）制作方法：亚克力盒螺栓或粘贴固定上墙。

9. 配电房巡视记录簿

（1）配电房巡视记录簿应包括配电房设备数量、配电房巡视要点、巡视日期、异常情况记录，如图 6.20 所示。

（2）巡视人员应每次巡视后将本次巡视情况登记。

（3）采用 A4 纸张大小横向或纵向打印。

（4）夹放于透明亚克力盒固定在配电房入口内侧容易查看的位置。

（5）巡视记录簿封面参照南网《配电网安健环设施标准》3.35 文件资料标准。

（6）制作方法：亚克力盒螺栓或粘贴固定上墙。

<table>
<tr><th colspan="28">广州番禺供电局配电房日常运行巡视检查表</th></tr>
<tr><td rowspan="2">房内设备</td><td colspan="4">设备名称</td><td colspan="3">负荷开关柜</td><td colspan="3">变压器</td><td colspan="4">低压开关</td><td colspan="4">驱鼠器</td><td colspan="4">抽风装置</td><td colspan="4">配网仪</td><td>其他</td></tr>
<tr><td colspan="4">数量</td><td colspan="3">/面</td><td colspan="3">/台</td><td colspan="4">/面</td><td colspan="4">/个</td><td colspan="4">/套</td><td colspan="4">/套</td><td></td></tr>
<tr><td rowspan="3">巡查日期</td><td colspan="26">巡查情况</td><td rowspan="3">巡查人员</td></tr>
<tr><td colspan="4">门及窗</td><td rowspan="2">电缆进出口密封情况</td><td rowspan="2">地面墙壁清洁情况</td><td rowspan="2">房屋漏水及电缆坑积水</td><td rowspan="2">房外是否积水</td><td rowspan="2">配电房通道情况</td><td colspan="10">电气设备安全检查</td><td rowspan="2">设备名称是否清晰</td><td rowspan="2">安健环标色是否清晰</td><td rowspan="2">通风设备情况</td><td rowspan="2">房内有无异味、异常响声</td><td rowspan="2">室外环境是否变化</td><td rowspan="2">是否有电力破坏或被盗</td><td rowspan="2">备注</td></tr>
<tr><td>名称标志</td><td>损坏锈蚀</td><td>门锁</td><td>密封防鼠情况</td><td>SF6表计指示及其他压力情况</td><td>带电指示器指示情况</td><td>绝缘子情况</td><td>油位油表指示情况</td><td>滴漏情况</td><td>低压开关运行情况</td><td>防火设备情况</td><td>安全防护栏设备情况</td><td>附属电器设备是否完好</td><td>电缆、电缆头及其他</td></tr>
<tr><td>年　月　日</td><td></td><td></td><td></td><td></td><td></td><td></td><td></td><td></td><td></td><td></td><td></td><td></td><td></td><td></td><td></td><td></td><td></td><td></td><td></td><td></td><td></td><td></td><td></td><td></td><td></td><td></td><td></td></tr>
<tr><td>年　月　日</td><td></td><td></td><td></td><td></td><td></td><td></td><td></td><td></td><td></td><td></td><td></td><td></td><td></td><td></td><td></td><td></td><td></td><td></td><td></td><td></td><td></td><td></td><td></td><td></td><td></td><td></td><td></td></tr>
<tr><td>年　月　日</td><td></td><td></td><td></td><td></td><td></td><td></td><td></td><td></td><td></td><td></td><td></td><td></td><td></td><td></td><td></td><td></td><td></td><td></td><td></td><td></td><td></td><td></td><td></td><td></td><td></td><td></td><td></td></tr>
<tr><td>年　月　日</td><td></td><td></td><td></td><td></td><td></td><td></td><td></td><td></td><td></td><td></td><td></td><td></td><td></td><td></td><td></td><td></td><td></td><td></td><td></td><td></td><td></td><td></td><td></td><td></td><td></td><td></td><td></td></tr>
<tr><td>年　月　日</td><td></td><td></td><td></td><td></td><td></td><td></td><td></td><td></td><td></td><td></td><td></td><td></td><td></td><td></td><td></td><td></td><td></td><td></td><td></td><td></td><td></td><td></td><td></td><td></td><td></td><td></td><td></td></tr>
<tr><td colspan="28">注：巡视检查时发现缺陷在对应下记“X”，并在备注栏注明缺陷类别，同时将缺陷记录在巡视人员自带巡视记录簿上：如果各项内容情况良好的仅需要在“巡视情况全部正常”栏下记“ ”即可。</td></tr>
</table>

图 6.20　配电房巡视记录簿

10. 安全标语

（1）应在工作环境内明显处设置。

（2）其上文字采用不干胶或丝网印刷，文字颜色为红色。

（3）有机板顶部应带有蓝底白字的南方电网 logo。

（4）每个配电房安全标语应不多于 5 块。

（5）标语口号参照南网《配电网安健环设施标准》附录 B　配网安全生产宣传用语应

用参考。

（6）“安全生产禁令”“十个规定动作”等标识或提醒要警醒性强，风险提示清晰，如图 6.21 所示。

（7）可采用漫画、标识或实物方式展示。

（8）制作方法：采用白色有机板，用螺栓固定上墙。

图 6.21　安全标语

第7章 客户服务区 $7S^+$ 目视化标准

7.1 营业厅

7.1.1 客户指引

1. 平面图

（1）按照营业厅现场及客户办理业务的流程，对营业厅功能区进行合理划分。

（2）使用不同颜色管理区分功能区域。

（3）可放置在营业厅入口明亮处，方便用户阅读（建议高度1.4m，低于平视高度），采用黄色定位角贴对平面图进行定位；也可安装在营业厅墙面合适位置，底边距离地面高度1.5m，如图7.1所示。

（4）制作方法：可采用PV板、KT板等载体，不易损坏；使用标识、画线进行定位。

2. 区域指引

（1）根据营业厅现场办理业务情况，对营业厅区域进行合理划分。

（2）在立面或地上使用有文字说明的箭头指引标识出营业厅的各个区域，并用颜色进行区分，如图7.2所示。

（3）立面或地面导视图应设置在营业厅入口明显位置。

（4）制作方法：导视图采用防水印刷制作，粘贴在地面上。

3. 可视化立牌

（1）根据营业厅现场办理业务情况，对营业厅区域进行合理划分。

（2）利用可视化立牌并使用有文字说明的图示，指引相应的营业厅区域，如图7.3所示。

（3）可视化立牌应摆放在相应区域的明显位置。

（4）制作方法：立式水牌视图大小40cm×30cm；高度1m；悬挂式水牌视图大小40cm×30cm；高度小于3m；立式水牌下发需标识定位。

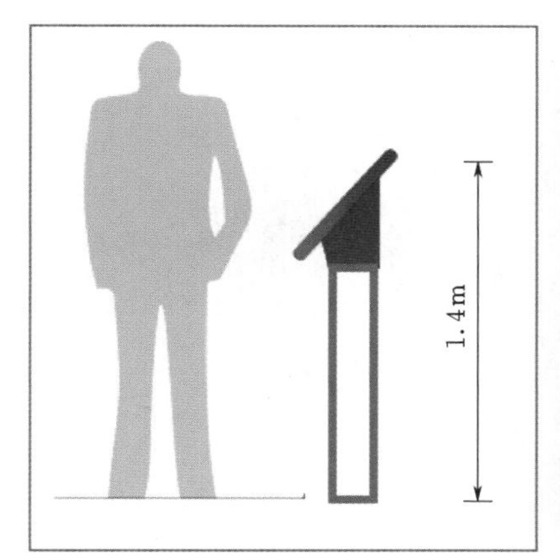

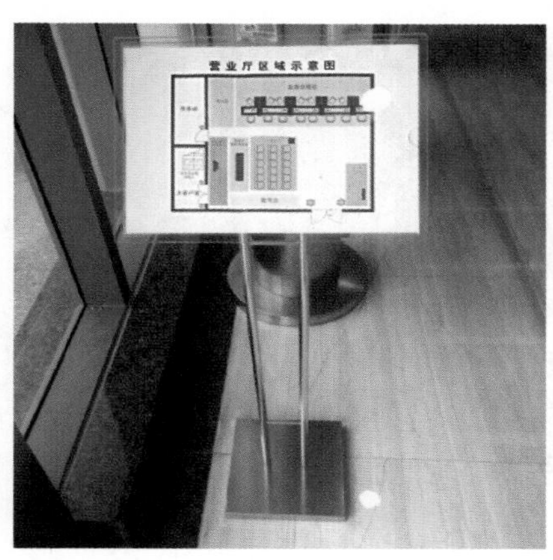

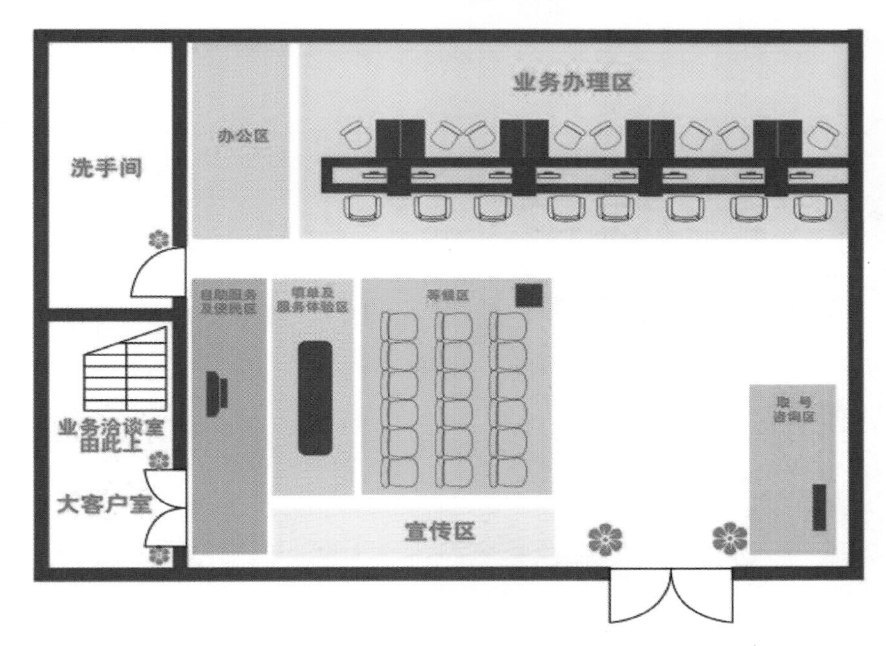

图 7.1　营业厅区域平面图

4. 引导咨询台

(1) 放置在营业厅入口处，方便用户问询，如图 7.4 所示。

(2) 第一层桌面放置台牌、签字笔等，第二层桌面可放置电脑及相关业务的空白表单，桌面物品均进行定位标识。

(3) 有盆栽植物的除定位标识外还需增加养护说明。

(4) 电脑设备线束捆扎，插头控制对象标识明确。

(5) 需有公共平台二维码扫码图标，方便客户信息咨询和手机平台的业务办理。

(6) 需设立业务办理流程图。

(7) 需设立营业厅负荷提示。

(8) 制作方法：使用标识、画线进行定位；线束捆扎采用扎带。

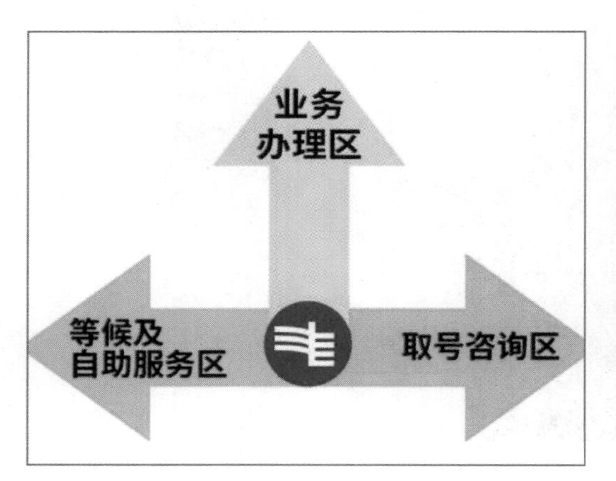
业务
办理区
等候及
自助服务区
取号咨询区

万家灯火 南网情深

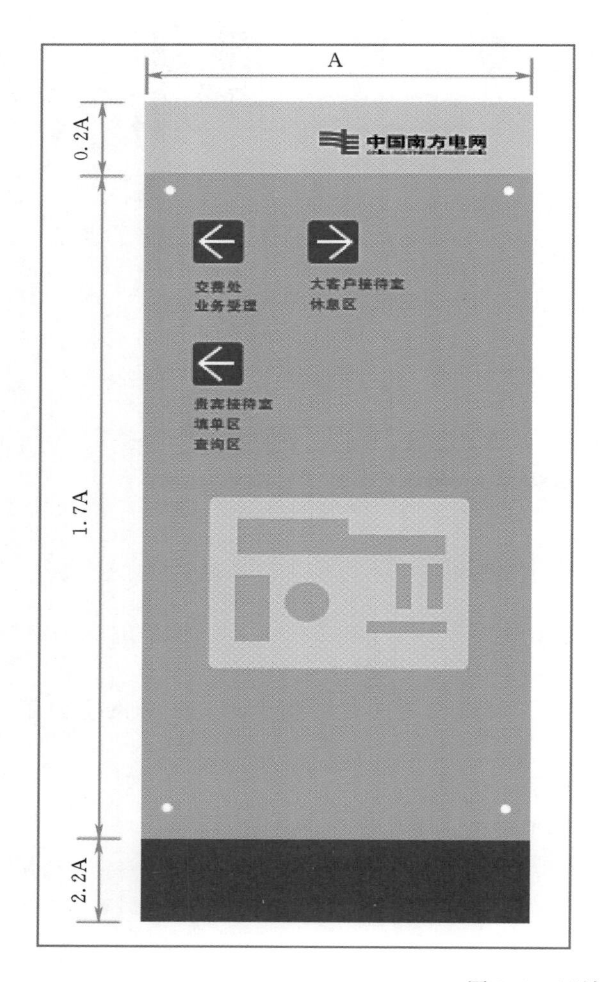
A
0.2A
1.7A
2.2A
中国南方电网
交费处
业务受理
大客户接待室
休息区
贵宾接待室
填单区
查询区

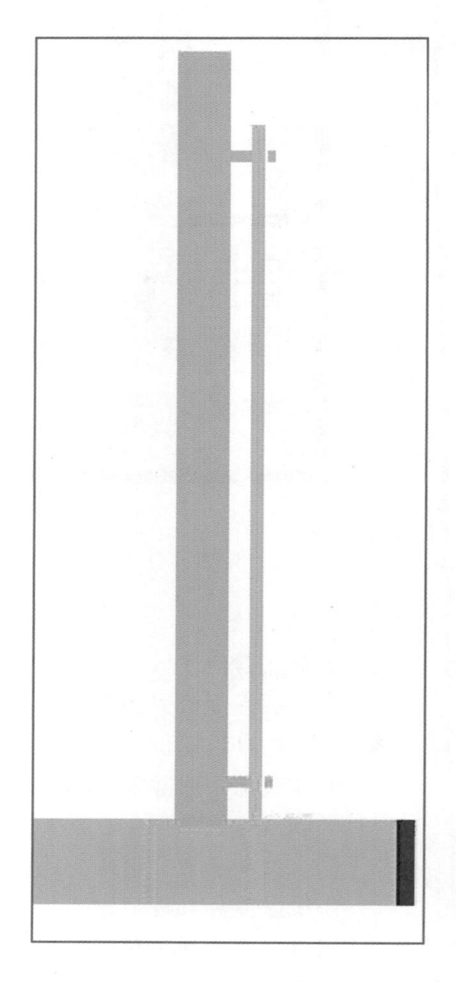

图 7.2 区域指引

图 7.3 区域指引可视化立牌

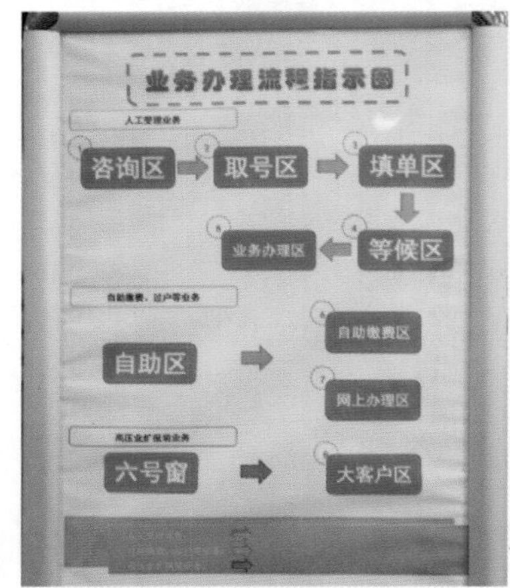

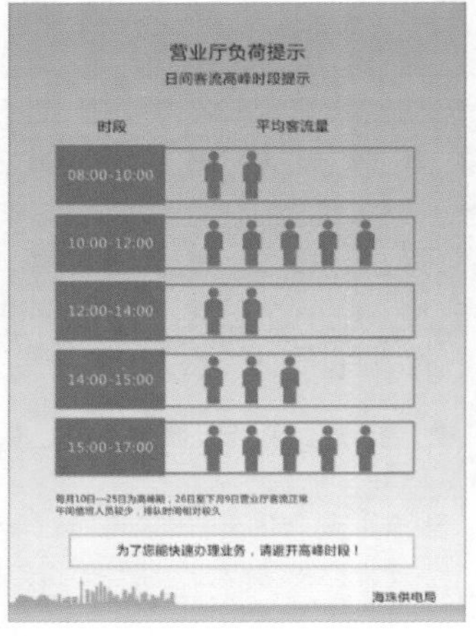

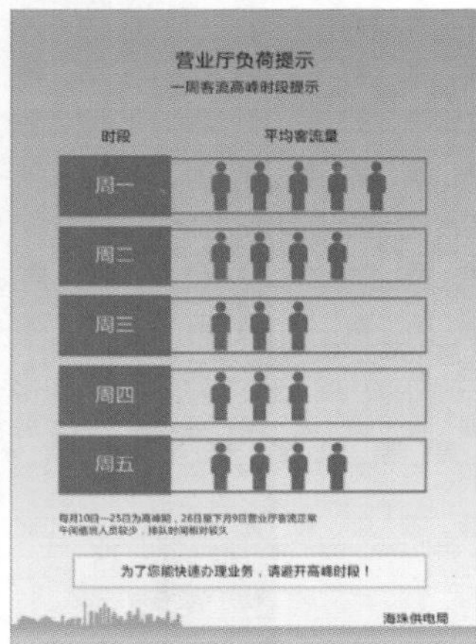

图 7.4　引导咨询台

5. 自主操作机办理指引

(1) 粘贴相应自主机操作指引牌，如图 7.5 所示。

图 7.5　自主操作机办理指引

（2）指引需有图示指引，并简单易懂。
（3）制作方法：采用A4纸大小透明可粘贴式水牌或立式化水牌。

6. 微信渠道办理指引

（1）需在电子渠道宣传区粘贴微信办理渠道二维码。
（2）并出示业务办理操作指引可视化样板，如图7.6所示。
（3）样板需有图画指引，并简单易懂。

图7.6 微信渠道办理指引

7. 填单区指引

（1）粘贴相应业务表单填写指引，如图7.7所示。

（2）指引简单易懂，并注明解释。

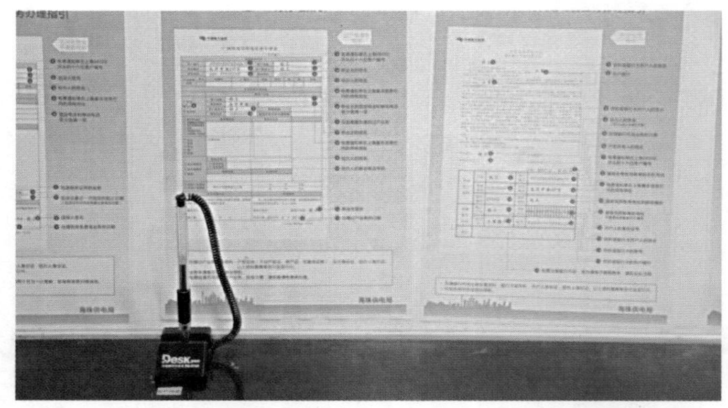

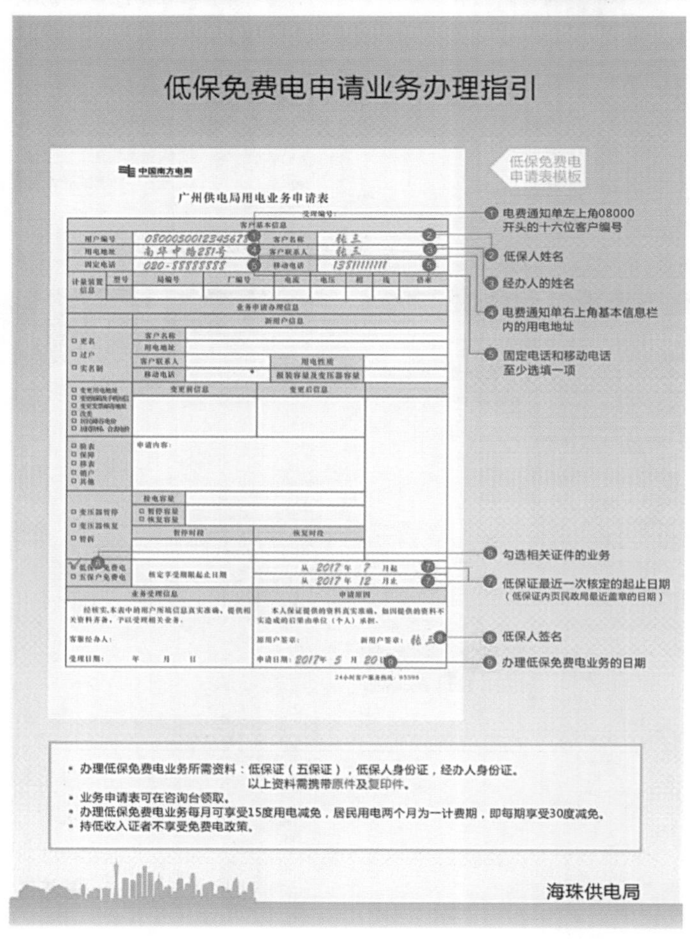

图7.7 填单区填写指引

7.1.2 业务办理

1. 自助取号机

（1）放置在营业厅入口靠墙位置，方便用户使用，如图 7.8 所示。

（2）进行四角定位。

（3）叫号指引目视化，业务办理取号分类标识明确。

（4）对叫号机电源线束进行捆扎，电源线功能标识清晰。

（5）制作方法：叫号指引采用 A4 纸打印，塑封后张贴；线束捆扎采用扎带。

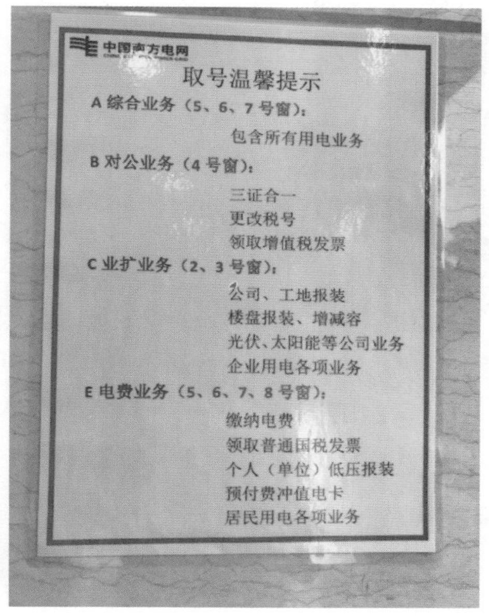

图 7.8　自助取号机

2. 自助服务终端

（1）采用四角定位对自助服务终端机定位。

（2）业务办理操作指引目视化，通俗易懂。

（3）对自助设备电源线束进行捆扎，电源线功能标识清晰。

（4）划分好责任人及规定好责任，设置好设备维护、检查记录、客户操作指引。

（5）制作方法：温馨提示可以采用地面立牌提示，并进行隐形定位，如图 7.9 所示；线束捆扎可采用扎带、魔术贴或套管。

3. 客户业务办理台

（1）按全局统一设计标准，桌面物品进行有序排放，台面物品进行定位、标识，如图 7.10 所示。

（2）受理员的个人铭牌可以用隐形定位固定在台面上，窗口办理业务时展示受理员铭牌面，暂停办理时展示暂停服务面。

（3）制作方法：使用标识、画线进行定位或进行隐形定位。

图 7.9　自助服务终端

图 7.10　客户业务办理台

4. 受理员个人台牌

(1) 定置在桌面固定位置，底边离桌面外缘 100mm，方便用户寻找。

(2) 台牌一侧为人员信息，反面为“暂停服务”，提示客户该窗口是否为工作状态。

(3) 制作方法：三角立式台牌，尺寸为 200mm×100mm×85mm（长、斜边宽、垂直高），内页背景为企业标准蓝色（色号 Pantone 654C C100 M69 Y0 K38），南方电网标志组合及对应供电机构中英文名称，如图 7.11 所示；材质为双面透明，亚克力，内页普通印制。

5. 客户座椅

(1) 座椅编号，摆放整齐，如图 7.12 所示。

(2) 座椅号码和业务办理窗口号码一一对应，下班时，座椅归放原位。

(3) 地面分区画线，每个办理窗口下有统一蓝色底纹白色 logo 的线条（根据营业厅实际情况）。

(4) 制作方法：标签机或印刷机打印座椅编号。

6. 等候区

(1) 在业务受理柜台前方 1～1.5m 范围，要设立客户休息区提示牌。

(2) 各营业网点可依据实际需求配套联排休息椅、资料架、书报架、饮水机、分类垃圾桶、多媒体播放器等。

(3) 客户休息座椅第一排需设置爱心座椅，方便老弱妇孺办理业务，如图 7.13 所示。

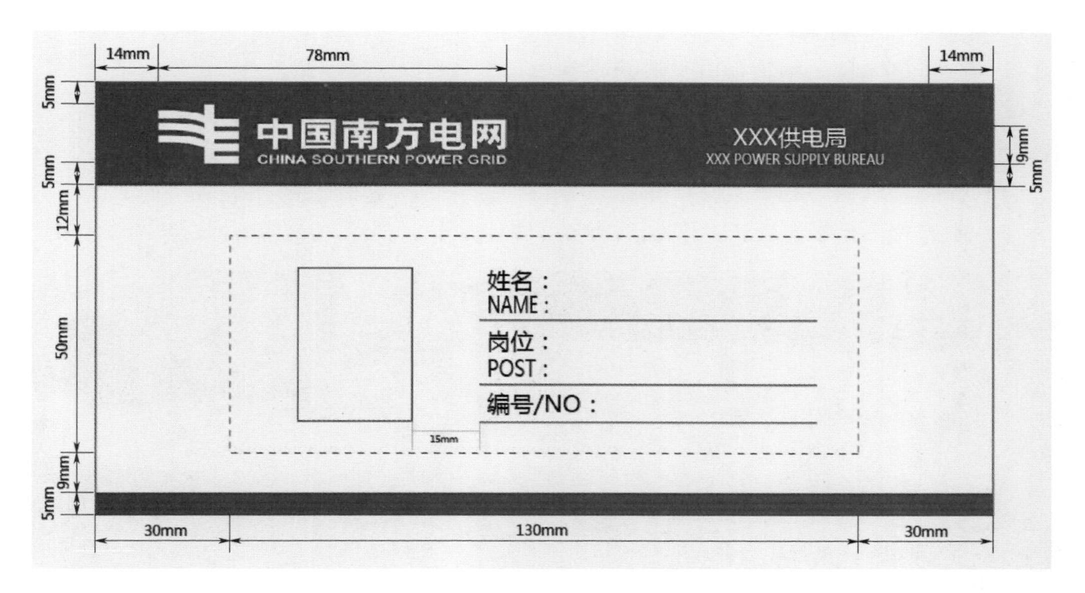

图 7.11 受理员个人台牌

图 7.12 客户座椅

图 7.13 客户休息区

7. 填单台

(1) 在客户休息区附近，方便客户前往。

(2) 台内需含业务类型分类及填单指引，使客户一目了然所需办理业务的表单，如图7.14所示。

(3) 台面需根据面积配置签字笔。

(4) 业务单据需根据业务类型进行分类归纳。

图7.14 便民填单台

8. 空白表单管理

(1) 根据业务种类、表单使用频率，定置表单存放区域，如图7.15所示。

(2) 表单进行定置管理，标识清晰。

(3) 空白表单需增加最低库存提示，制定量化管理标识。

(4) 制作方法：A4纸打印塑封，双面胶粘贴制作标识。

图7.15 空白表单存放

7.1.3 其他便民设施

1. 手机充电站

(1) 手机充电装置标示明确，如图7.16所示。

(2) 有手机充电温馨提示“充电时请保管好您的贵重财物”。

(3) 制作方法：标识打印后张贴。

2. 便民箱

(1) 便民箱可安装在营业厅墙面，底边高度为1.5m，或定置在便民台上。

(2) 便民柜应定置在靠墙的地面，也可放在营业厅后台，并在显眼位置贴上相关告示提醒标语，如图7.17所示。

(3) 箱体左上角明确责任人。

(4) 制作方法：建议尺寸340mm×250mm×150mm（长、宽、深度），分隔为2～3层；铝合金有机板面或密度板加铝合金，有机玻璃门，可带锁，南方电网标志组合采用丝网印刷或即时贴。

图 7.16 手机充电站

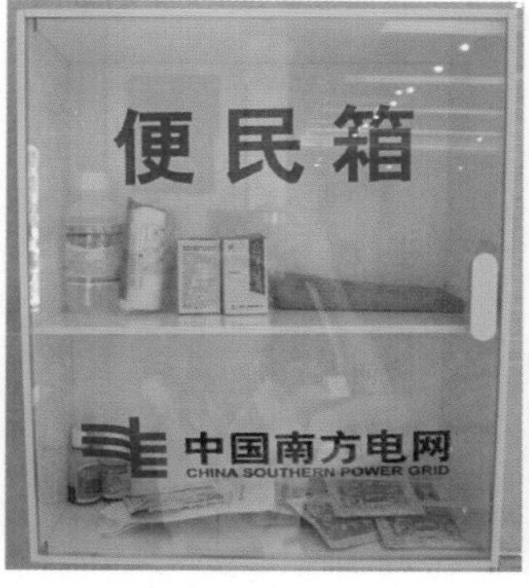

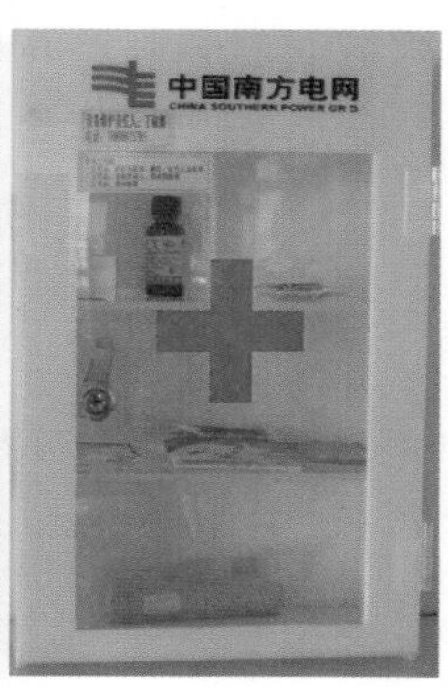

图 7.17 便民箱

3. 意见箱

(1) 意见箱应放置在醒目位置。

(2) 建议安装在墙面，底边高度为 1.5m，或定置在便民台醒目位置（四角定位），可与便民箱相邻定置，如图 7.18 所示。

(3) 箱体须有标签显示责任人信息，便于管理。

(4) 制作方法：企业标准蓝色（色号 Pantone 654C C100 M69 Y0 K38），建议尺寸 340mm×230mm×150mm（长、宽、深度），投信口尺寸 150mm×15mm，位于意见箱的 2/3 高度处，顶盖边缘各加宽 30mm，“意见箱”字样为大黑体；材质为 8mm 厚密度板，用防火板贴面，带锁，南方电网标志组合等采用丝网印刷。

图 7.18 意见箱

4. 便民雨伞架

(1) 四角定位。

(2) 伞架应定置在营业厅入口靠近墙壁处，方便客户使用，如图 7.19 所示。

图 7.19 便民雨伞架

7.2 话务大厅

7.2.1 值长台

1. 值长台桌面

（1）由台面物品定置线区分物品摆放区及工作区，所有工作物品及工具摆放在摆放区内，在摆放区外的台面进行书写等工作，如图 7.20 所示。

图 7.20 值长台桌面

（2）在易移动的小物品前的台面贴上直径为 80mm 的蓝色物品名称标识。

（3）在显示器和键盘左下方用 10mm×40mm 的黄色标签标识工位号。

（4）在值长台电话的正上方，用10mm×40mm的黄色纸标识本机号码及警示语。警示语内容为“通话即录音，请注意!”“话筒中如正通话请挂机”，如图7.21所示。

（5）制作方法：标签机打印相关标识；清抹台面，贴上相应的标识、画线。

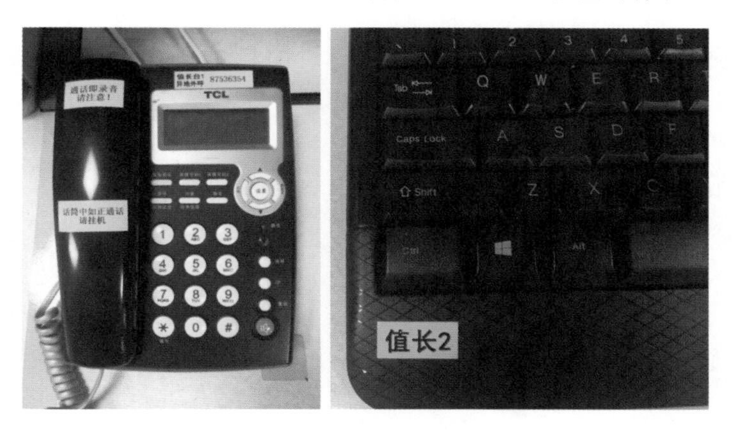

图7.21 值长台电话机

2. 值长台监控屏幕

（1）用10mm×40mm的黄色标签标出监控屏幕的编号。

（2）遥控器放于指定位置，用12mm宽的黄色线标识定位，如图7.22所示。

（3）制作方法：用标签机在10mm×40mm的黄色标签上打印出物品名称。

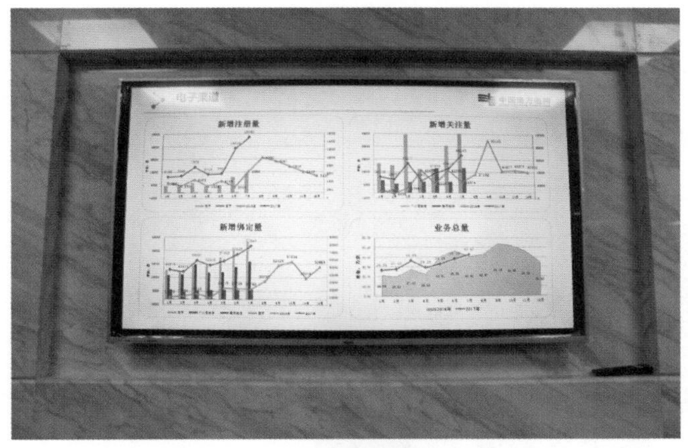

图7.22 值长台监控屏幕

3. UKEY 存放盒

（1）放置于指定的盒子，有定位插口，如图 7.23 所示。

（2）在盒子的左侧和下方用黄色标签做编号定位。

（3）制作方法：在 10mm×30mm 的黄色标签纸上打印出行、列的序号，用中文一至十表示列序号，贴于各列下方；阿拉伯数字 1～10 表示行序号，贴于各行左方；在相应的 UKEY 上，用黄色标签纸打印出对应的序号。

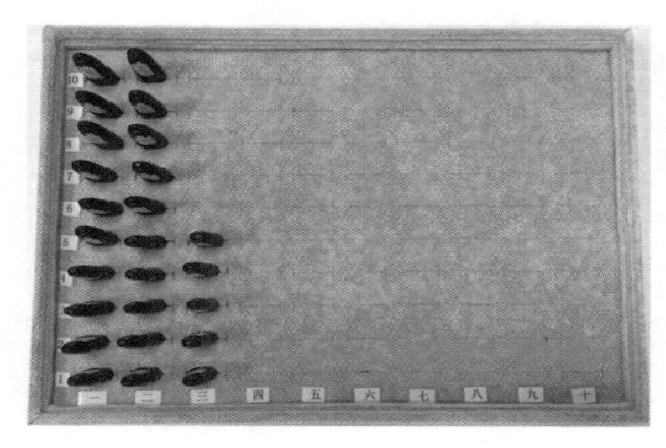

图 7.23　UKEY 存放盒

7.2.2　坐席工位

1. 坐席工位挡板

（1）每个座位应挂有坐席人员的工号牌，内容应包括有员工姓名、工号及岗位。下方可放置必要的文件，例如部门守则、系统登入指引等，如图 7.24 所示。

图 7.24　坐席工位挡板

（2）耳机应紧靠工号牌放置，用10mm×40mm黄色线标示出耳机所在的位置，不使用时须及时放回原处。

（3）工位编号贴：每个坐席应贴上工位编号及对应分机号码，尺寸为95mm×95mm，便于管理。

（4）制作方法：坐席工位编号标识打印后过塑。

2. 坐席工位桌面

（1）用台面物品定置线进行用工位物品定位。

（2）在易移动小物品前的台面贴上直径为80mm的蓝色物品名称标识，如图7.25所示。

（3）电脑电源在不使用时需及时关闭屏幕与电源。

（4）呼叫中心坐席工位分为“弧”型与“一”型，物品摆放原则一致。

（5）制作方法：购置圆形物品标识和黄色标识线。

图7.25 坐席工位桌面

7.2.3 员工储物柜

（1）柜子做地面定位。

（2）每排的第一个柜子侧面标识具体第几排及本排柜子的编号，尺寸根据柜子实际大小，用易于查看的颜色彩色打印并过塑，如图 7.26 所示。

（3）标识清晰，柜子编号清晰，并做到可视化。柜子编号标识大小 60mm×85mm 的圆角标签。可视化图片为彩色打印，张贴于柜子右下角，即柜子编号上方。

（4）柜内只存放必要的私人物品，如包、休息用具、工衣等，并摆放整齐。

（5）制作方法：柜子编号标识打印后过塑。

图 7.26　员工储物柜

7.2.4 减压室

（1）电视地面定位，不使用时电源应关闭，并保持干净，如图 7.27 所示。

图 7.27（一）　员工减压室

图 7.27（二） 员工减压室

（2）电视遥控器台面定位。

（3）沙发地面定位，并保持干净无杂物。

（4）茶几地面定位，桌面保持整洁、无杂物，茶几下面所放物品台面定位。

（5）制作方法：采用黄色标识线定位。

第 8 章 基建施工区 7S⁺ 目视化标准

8.1　主网施工现场

8.1.1　工地出入口

1. 大门和围墙

大门和围墙如图 8.1 所示。

图 8.1　大门和围墙

（1）大门门柱高 2800mm，门柱设置镂空企业精神字样。

（2）大门宽 7500mm。

（3）推拉门为电动门，门高 2200mm，门宽以大门为准，推拉门正面有“××公司”字样。

（4）围墙高 2500mm，采用砌体结构，墙宽 450mm，墙体设构造柱，宽 2000mm。

（5）墙顶设置橘红色琉璃瓦压顶，墙面采用幅宽 1800mm×1500mm，喷绘宣传画；围墙制作宣传画册，企业文化宣传图画。

（6）制作方法：大门采用电动伸缩大门，一般为订购；围墙现场砌筑。

2. “五牌一图”

(1) 在工地大门一侧设置“五牌一图”(图 8.2),高度 2000mm,宽度 1200mm,底边距离地面 500mm。

(2)“五牌一图”按 600mm 等间距布设。

(3)“五牌一图”内容为“工程概括牌”“管理人员名单及监督电话牌”“安全生产牌”“文明施工牌”“消防保卫牌”及“施工平面图”。

(4) 制作方法:材质采用 ϕ75 302 不锈钢圆管焊接;设计花纹造型;“五牌一图”内容采用防水 KT 板制作;现场安装;现场预埋螺栓固定。

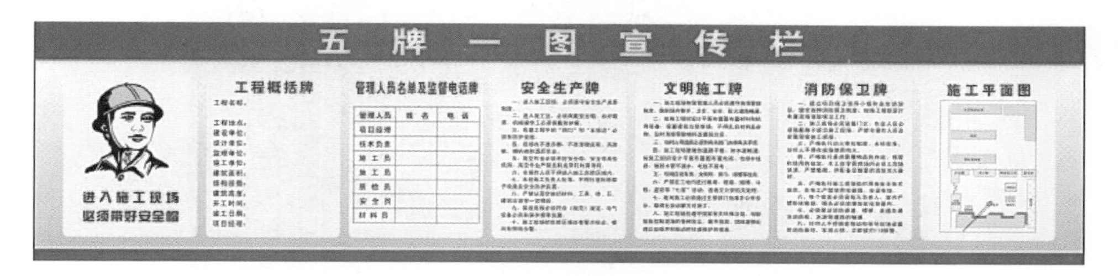

图 8.2 “五牌一图”

3. 门禁系统

(1) 门禁室高 2800mm、宽 3500mm、长 6500mm,内设门卫室,门禁室采用玻璃推拉门;物品放置标准如图例,居中放置。

(2) 门禁室设两台闸机,闸机为不锈钢材质,闸机 1200mm×宽 70mm,为双侧摆闸,刷卡开启,如图 8.3 所示。

图 8.3 门禁系统

(3) 闸机一进一出,标示字样。

(4) 闸机上方设置 1200mm×1000mm 双面显示 LED 显示屏,门禁刷卡信息联网,同步在 LED 显示屏显示刷卡信息,有姓名、工种、时间等信息。

(5) 闸机室地面铺设瓷砖。

(6) 制作方法:门禁室现场加工制作;闸机、LED 屏现场预埋螺栓固定。

4. 仪容镜

(1) 采用 302 不锈钢圆管焊接支架。

（2）支架顶面 1800mm，幅宽 1000mm，底边距离地面 450mm。

（3）仪容镜为不透光玻璃，三板合一，中间为玻璃仪容镜，右侧为安全帽、安全带正确佩戴示意图，幅宽 1200mm，左侧为“安全警示语”，幅宽 1200mm，如图 8.4 所示。

（4）制作方法：材质不锈钢支架；现场预埋安装。

图 8.4　仪容镜

5. 鞋底清洗区

（1）材质：塑胶板、角钢、网片。

（2）尺寸：高 1.2m、宽 2m。

（3）洗台高 500mm，洗台侧设置沉淀池，三级沉淀。

（4）洗鞋台制作标识牌，牌高 450mm。

（5）长 500mm，醒目位置固定。

（6）现场画线标示。

（7）制作方法：现场加工；配置一定数量的水龙头；配置一定数量的抹布；配置 3 块软刷，如图 8.5 所示。

图 8.5　鞋底清洗区

6. 洗车槽

(1) 洗车槽宽 4000mm，两侧喷头等间距设置，喷头之间的距离不大于 1500mm，如图 8.6 所示。

(2) 洗车槽底面、侧面布设多个喷头，使用水压不低于 0.2Pa。

(3) 洗车槽一侧设置沉淀池，池深 1500mm、宽 2000mm、长 4500mm，三级沉淀泥浆水，沉淀后的水可以重复利用，排水沟池需设置合理。

(4) 设置专用水管、喷头和水枪。

(5) 地面进行画线和标识。

(6) 制作方法：现场安装。

图 8.6　洗车槽

8.1.2　施工现场

1. 安全人行通道

(1) 人行通道宽度 1.5m，通道采用绿色地板漆涂刷，通道两侧区域线黄色油漆涂刷，线宽 150mm，道路中间黄色油漆标示“人行通道”字样，如图 8.7 所示。

(2) 机动车道与人行通道采用钢制围栏隔离，围栏高度 1000mm，底面横杆距离底面 100mm。

图 8.7　安全人行通道

（3）制作方法：通道油漆采用地板漆，现场涂刷；围栏采用 20mm×20mm 方钢焊接。

2. 安全质量宣讲台

（1）宣讲台材质：支架为 25mm 角钢现场焊接而成，板面为铝塑复合板。

（2）宣讲台顶面高 2800mm、长 6000mm、宽 500mm，门型柱宽 700mm，门型柱突出平面 150mm。

（3）门型柱设置安全警示语，如图 8.8 所示。

（4）宣讲台中间位置设置 LED 显示屏，显示屏长 1500mm、宽 1200mm，可联网传输信息。

（5）制作方法：支架为 25mm×25mm 角钢，现场焊接加工制作；LED 屏定制。

图 8.8　安全质量宣讲台

3. 临时围蔽

（1）基坑设置钢制围栏，围栏幅宽 2000mm、高 1200mm，其中挡脚板高 200mm，立柱为 50mm×50mm 方钢结构，围栏采用通透钢丝网防护，目宽 20mm×20mm。基坑围栏防护如图 8.9 所示。

（2）围栏设置踢脚板，高度 200mm。

（3）围栏设安全警示牌。

（4）基坑围栏周边设喷淋降尘装置。

（5）基坑梯段采用工字钢与 ϕ48 钢管焊接，梯宽 1000mm，踏步高度 200mm。

（6）梯段上方设置拱形防雨罩，罩顶距离踏步垂直距离不小于 2000mm。

图 8.9　基坑围栏防护

（7）制作方法：定制或现场加工；预埋螺栓固定。

4. 安全楼梯

（1）安全楼梯如图 8.10 所示，基坑梯段采用工字钢与 ϕ48 钢管焊接，梯宽 1000mm，踏步高度 200mm。

（2）梯段上方设置拱形防雨罩，罩顶距离踏步垂直距离不小于 2000mm。

（3）底部设置挡板。

（4）悬挂安全警示标志。

（5）制作方法：采用型钢、钢管现场制作；防雨罩定制材料，现场安装。

图 8.10 安全楼梯

5. 电源箱

（1）电源箱采用 30mm×30mm 方钢焊接制作，如图 8.11 所示。

（2）固定电源箱中心点距离地面 1600mm，移动电源箱中心点距离地面 1400mm。

（3）三级电源箱宽度以 1300mm 为宜，设置双扇开启门。

（4）电源箱悬挂安全警示标志。

（5）电源箱涂刷黄黑安全警示色。

（6）电源箱定置化摆放，定位画线，线宽 150mm，黄黑相间油漆涂刷。

（7）制作方法：方钢现场焊接加工；钻孔固定。

图 8.11 电源箱

8.1.3 物料存取

1. 物资仓库

（1）现场设置材料专库，设醒目标示。

（2）配置组合货架，货架高 1800mm、宽 1100mm、层高 550mm；货架间距 800mm；设置标识牌，如图 8.12 所示。

图 8.12　物资仓库

（3）材料分类、分规格、型号，用组合货盒存放，货盒高 200mm、宽 300mm，并标识。

（4）配置防火、防水、防盗设备。

（5）制作方法：货架为轻质 H 型钢结构；货盒为定制塑料材质。

2. 材料堆放区

（1）现场制作钢筋材料堆放支架，支架采用 H 型钢焊接，多档分隔，档间距 1200mm，支架高 1400mm，纵向间距 3000mm，如图 8.13 所示。

图 8.13　材料堆放区

（2）现场周转材料画线堆放，分类、规格、型号分档堆放；挂责任标识牌。

（3）堆放区域画线，采用黄黑安全警示色画线，材料堆放在画线区域内。

（4）材料存放点设置材料标识牌，牌高 450mm、长 550mm，牌支架顶面高 1600mm。

（5）设置消防器材。

（6）制作方法：材料支架采用 H 型钢或“工”字钢现场焊接加工。

3. 钢筋加工棚

（1）钢筋加工棚采用轻钢龙骨结构，顶面为拱式结构，屋面采用 20mm 压型板覆盖，如图 8.14 所示。

图 8.14 钢筋加工棚

（2）棚高 5m、宽 8m、长 12m，为双层推拉式伸缩结构。

（3）棚侧面压型板封闭，顶高至底边宽度 12m，侧向位有“钢筋加工棚”字样，一侧设置安全警示标语。

（4）内设安全操作规程。

（5）制作方法：棚架采用轻钢龙骨结构现场焊接加工；屋面轻质压型板板厚 20mm，现场固定；现场拼装制作。

8.1.4 休息区

1. 吸烟饮水休息室

（1）吸烟室高 2800mm、长 5500mm，采用 100mm 保温隔热压型板，如图 8.15 所示。

图 8.15 吸烟饮水休息室

（2）地面刷绿色防火地板油漆。

（3）内设休息椅，椅高 850mm、宽 600mm。

（4）设置金属烟灰桶。

（5）设置不锈钢保温茶水桶，桶体直径 800mm、高 800mm。

（6）椅子、烟灰桶、茶水桶画线定位。

（7）设置“吸烟室　休息区”字样。

（8）室内设置安全宣传画。

（9）制作方法：现场加工制作或定制标准集装箱；现场涂刷定位线；配置烟头桶，画线定置；配置灭火器，画线定置。

2. 安全用电展示牌

（1）展板采用不锈钢支架，顶面高 18m，底边距离地面 6m，如图 8.16 所示。

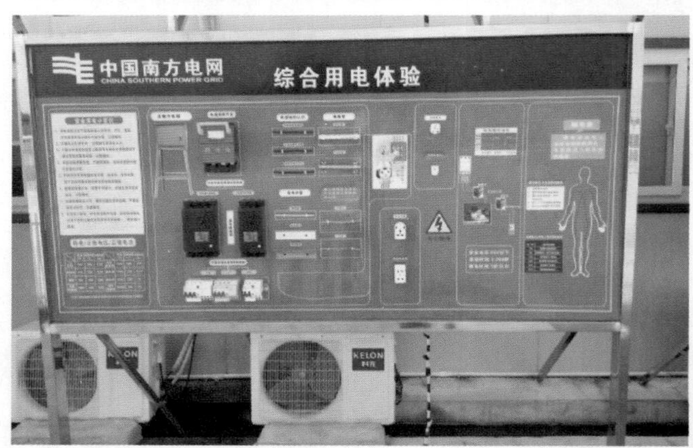

图 8.16　安全用电展示牌

（2）按三相五线制设置漏电保护系统。

（3）设置急救知识宣传内容。

（4）漏电开关使用要点。

（5）安全用电要点。

（6）接线示意图。

（7）制作方法：展板采用不锈钢支架，内容采用PVC板展板；画线固定；预埋件固定。

8.2 配网施工现场

8.2.1 工地出入口

（1）根据施工现场条件以及项目工期选择围蔽方式（如砖墙、围栏围蔽等），如图8.17所示。

图8.17 围蔽

（2）围蔽应完好、干净、整齐且连续，能与周围环境协调，并且满足市政部门相关要求。

（3）围栏颜色统一为黄色间黑条纹，每面围蔽栏上部中间位置必须悬挂“南方电网”标识牌并编号。

（4）涉及道路围蔽施工的，为确保道路交通安全，围蔽栏必须安装夜间警示灯具且相邻警示灯间隔不应大于50m，要设置明显夜间反光标志；对于临近机动车道宜设置防撞杆。

（5）对于范围较大、距离较长的围蔽，施工单位应设专人每日检查。

（6）施工区域用红白安全警示带进行区域划分或警示。

（7）制作方法：现场安装。

8.2.2 信息牌

（1）各类标识牌、警示牌应设置在出入口或者显眼处，且版面整洁、安装牢固、排列整齐，如图8.18所示。

（2）施工现场必须设置“五牌一图”（工程施工概况牌、施工组织机构牌、安全生产牌、治安防火须知牌、文明施工管理牌、施工平面图）和“配网安全文明施工十条规范”信息牌，上述信息牌应设置网公司标志，且尺寸不应小于800mm×600mm。

（3）现场标识牌信息包括但不限于工程名称、工程概况、施工负责人信息、现场管理员信息、现场安全管理员信息、$7S^{+}$管理员信息、环境保护以及质量安全监督电话等。

图 8.18　信息牌

（4）各区域应设置醒目的标识牌，标识牌左上角设置网公司标志，且尺寸不应小于 290mm×210mm，面积较大的区域应使用围栏围蔽。

（5）针对特定的施工风险设置相应的警示牌（包括触电、坠落、击打等）。

（6）制作方法：材质为 PVC 板、KT 板、金属板架等。

8.2.3　临时用电

（1）配电箱、开关箱安装位置应设名称标识牌，尺寸不应小于 290mm×210mm；禁止将配电箱、开关箱置于地面并随意拖拉。

（2）临时用电导线应使用绝缘导线，导线应粘贴独立标签进行区分。

（3）接地线为专用线，不得他用。

（4）配电箱、开关箱应采用铁质或优质绝缘材料制作并且保证箱体的整洁、完整。

（5）配电箱、开关箱内的开关电气应安装端正、牢固，不得松动、倾斜；箱内不带点金属部件均需接地处理。

（6）配电箱、开关箱必须设有防雨、防尘设施、并具备门锁。

（7）配电箱、开关箱应设专人管理，每日开工前管理员需对箱体进行检查并做好相应记录，记录表应悬挂于箱体正面上。

（8）制作方法：现场安装，如图 8.19 所示。

图 8.19　临时用电

8.2.4 材料器具存放

（1）施工现场应划分专门的材料堆放区、材料加工区、临时材料器具堆放区并且各区域间具有明显的间隔和标识牌。

（2）材料器具分类、分批、分规格堆放，整齐、整洁、安全，各材料器具设置独立标识牌，标识牌信息应包括材料名称、参数、数量等，各材料存放区用警示带间隔。

（3）沙石料堆放高度不超1m；砖砌体堆放不得歪斜，堆放高度不超1.5m；钢筋分规格、品种堆放；水泥分标号堆放整齐，标明标号，并保证存放区域有良好的蔽雨和排水设施。配电箱、开关箱应设专人管理，每日开工前管理员需对箱体进行检查并做好相应记录，记录表应悬挂于箱体正面上。

（4）制作方法：现场划分区域，如图8.20所示。

图8.20 材料器具存放

8.2.5 废弃物处理

（1）施工现场应设置专门废弃物的存放区并设置醒目标识牌（包括废弃物管理员信息、废弃物处理方式等信息）；施工人员应每日处理废弃物，以保证生产现场整洁，如图8.21所示。

图8.21 废弃物处理

（2）各类废弃物按照不同种类性质及有害无害进行分类存放，存放区域用警示线进行分隔，存放有害废弃物的区域应设置危险废弃物警示牌，尺寸不应小于 290mm×210mm。

（3）废弃物在运输过程中应压密、压实，防止撒落污染环境。

（4）制作方法：现场安装。

8.2.6　成品保护

（1）设备基础施工完毕后，由土建专业设立防护基础或防止边角损伤的措施，如图 8.22 所示。

（2）不同专业的施工单位进行责任区域内的成品责任保护工作，避免责任不清晰而导致成品破坏情况的发生。

（3）各专业应设置成品保护责任表，并定期检查成品保护情况。

（4）对于易损伤的部位（如混凝土构建转角处）应张贴警示带进行提示。

（5）制作方法：设置相应的警示牌或者警示带。

图 8.22　成品保护

8.2.7　场地清理

（1）应制定施工现场清理标准（包括责任人信息、清理时间、清理清理方式等），并张贴在出入口处。

（2）清除丛草、树木、青苗等植被，严禁焚烧。

（3）清理出的渣土应及时处理，运输道路洒水、避免扬尘，每次运输完毕应清洗运输车辆。

（4）项目施工完毕后，施工单位应对项目场地进行清理，做到现场环境整洁、干净、有序，如图 8.23 所示。

图 8.23　场地清理

（5）制作方法：施工现场清理标准打印张贴。

8.2.8 消防安全

（1）针对项目实际条件、制定针对性的消防安全制度及事故处理方案（包括管理职责、管理制度、安全组织、消防设施使用方法等），并张贴在出入口处。

（2）施工现场应配备齐全的消防设施和消防器材，并设置专门的消防标识，如图8.24所示。

图8.24 消防安全

（3）现场应设置专门的消防安全管理人员，定期对施工人员进行消防安全教育培训并形成记录。

（4）消防安全管理人员应对现场的消防器材进行定期检查、维修、保养工作并记录在册。

第9章 仓储区 $7S^+$ 目视化标准

9.1 仓库出入口

9.1.1 停车待检区

（1）定位原则：设置在库房唯一进出闸门的位置，出、入库房方向均须设置。

（2）区域大小：宽度不小于3.5m。

（3）保持标准：干净、整洁、无杂物堆积。

（4）制作方法：采用油漆绘制，100mm矩形框黄色实线，字体大小充满矩形框，清晰明确即可，如图9.1所示。

图9.1 停车待检区

9.1.2 安全技术交底区

（1）定位原则：设置在入仓主干道旁。

（2）区域大小：不小于4.2m。

（3）保持标准：干净、整洁、无杂物堆积。

（4）制作方法：采用油漆绘制，100mm矩形框黄色实线，字体大小充满矩形框，清晰明确即可，如图 9.2 所示。

图 9.2 安全技术交底区

9.2 入货、出货区

9.2.1 装卸车辆车位

（1）定位原则：靠近物资定置的存放位置，以减少货物装卸、搬运的距离。

（2）区域大小：留有充足的作业空间。结合道路阻塞同步考虑。

（3）保持标准：干净、整洁、无杂物堆积。

（4）制作方法：移动立杆式停车指示牌，如图 9.3 所示。

图 9.3 装卸车辆车位

9.2.2 月台

（1）定位原则：依据作业需求设置。

（2）区域大小：满足车辆装卸要求。

（3）保持标准：干净、整洁、无杂物堆积。

（4）制作方法：采用油漆绘制，100mm 黄色实线矩形框，如图 9.4 所示。

9.2.3 入货暂存区/出货暂存区

（1）定位原则：依据入货的方向和位置设置。

图 9.4　月台

（2）区域大小：结合作业空间设置。

（3）保持标准：干净、整洁、无杂物堆积。

（4）制作方法：采用油漆绘制，100mm 矩形框黄色实线，字体大小充满矩形框，清晰明确即可，如图 9.5 所示。

图 9.5　入货暂存区/出货暂存区

9.3　检验区

9.3.1　检验区

（1）定位原则：靠近需要定期检验的物资、装备。

（2）区域大小：满足待检物资、装备检测作业空间的需求。

（3）保持标准：干净、整洁、无杂物堆积。

（4）制作方法：采用油漆绘制，100mm 矩形框黄色实线，字体大小充满矩形框，清晰明确即可，如图 9.6 所示。

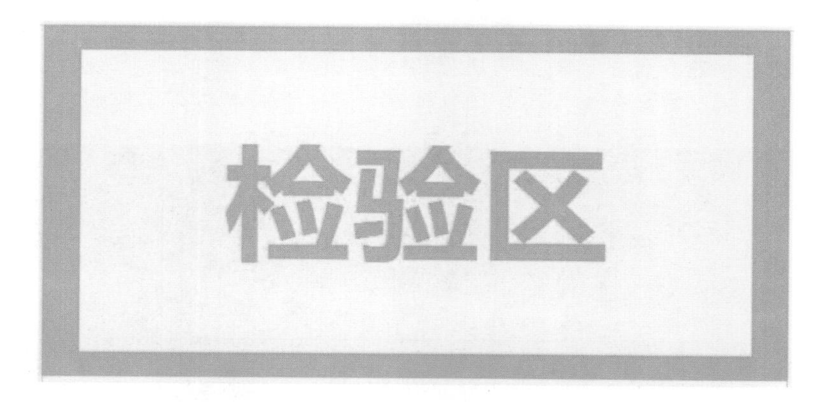

图 9.6 检验区

9.3.2 不合格存放区

（1）定位原则：按照不合格品实际位置进行聚集、围闭、标识。

（2）保持标准：干净、整洁、无杂物堆积。

（3）制作方法：围闭带＋立式标示牌，如图 9.7 所示。

图 9.7 不合格存放区

9.4 平面仓储区

（1）定位原则：依据《中国南方电网有限责任公司区域仓库建设和配置导则（2013 年版）》的要求，每列线缆间留人行通道至少 750mm。

（2）区域大小：满足定额上限储备要求。

（3）保持标准：干净、整洁、无杂物堆积。

（4）摆放要求：整齐有序，垫上两块三角木，如图9.8所示。

（5）制作方法：平整的水泥地板，用油漆100mm矩形框黄色实线明确标示。

图9.8　平面仓储区

9.5　货架仓储区

9.5.1　货架标识

（1）标识制作原则：货架号、货位体积、货位承重等均有清晰标识；货位编码符合“四号定位”要求；在货架与通道的转角位增设防撞设施，高度不小于200mm，如图9.9所示。

图9.9　货架标识

（2）保持干净、整洁、无破损和翘角。

（3）制作方法：采用不锈钢板、不干胶贴条、黄黑相间油漆等。

9.5.2 包装类物资

(1) 定位原则：货架每层的高度应结合仓储物资的规格尺寸，综合考虑安全性和库容的要求进行设置；留有必要的通道，依据《中国南方电网有限责任公司区域仓库建设和配置导则（2013年版）》，叉车通道2.5～3m，以满足叉车等设备进行货物上下货架的作业。

(2) 区域大小：满足定额上限储备要求。

(3) 保持标准：干净、整洁、无杂物堆积。

(4) 摆放要求：五五码放，整齐有序，不超出托盘，如图9.10所示。

(5) 制作方法：重型货架。

图9.10 包装类物资

9.5.3 扎装类物资

(1) 定位原则：货架每层的高度应结合仓储物资的规格尺寸，综合考虑安全性和库容的要求进行设置；留有必要的通道，依据《中国南方电网有限责任公司区域仓库建设和配置导则（2013年版）》，叉车通道2.5～3m，以满足叉车等设备进行货物上下货架的作业。

(2) 区域大小：满足定额上限储备要求。

(3) 保持标准：干净、整洁、无杂物堆积。

(4) 摆放要求：五五码放，整齐有序，不超出托盘，如图9.11所示。

(5) 制作方法：重型货架。

图9.11 扎装类物资

9.6　设备、工具存放区

9.6.1　设备

1. 手叉车

（1）定位原则：设置在靠近库区入口的地方，方便存取。

（2）区域大小：依实际场地和需求确定。

（3）保持标准：干净、整洁、无杂物堆积。

（4）摆放要求：摆放整齐，转向轮与臂叉垂直，拉臂朝外，方便取用，如图9.12所示。

图9.12　手叉车摆放

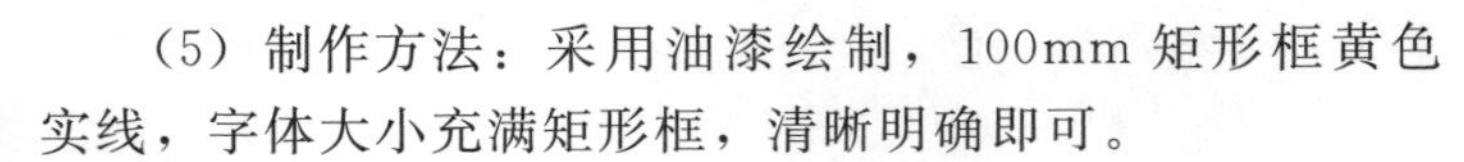

（5）制作方法：采用油漆绘制，100mm矩形框黄色实线，字体大小充满矩形框，清晰明确即可。

2. 叉车

（1）定位原则：设置在靠近库区入口的地方；叉车的英文铭牌进行中文翻译，如图9.13所示；操作流程及维护保养制度现场挂放；作业表单现场存放。

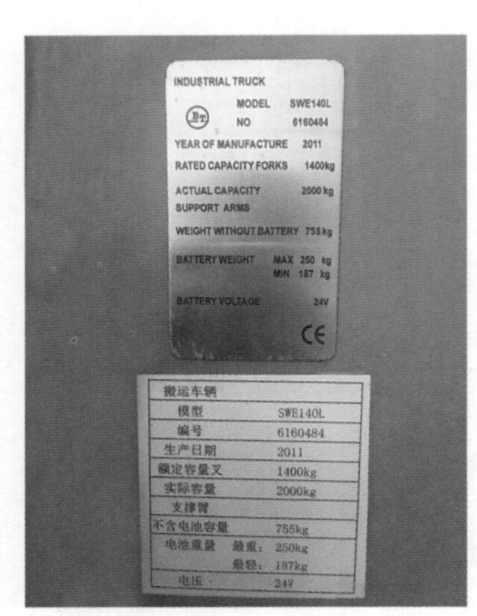

图9.13　叉车铭牌翻译

（2）区域大小：依据叉车大小、附件大小、维护空间而定。

（3）保持标准：干净、整洁、无杂物堆积。

（4）摆放要求：叉车作业后停放在黄线区域内，如图9.14所示。

（5）制作方法：采用油漆绘制，100mm矩形框黄色实线，字体大小充满矩形框，清晰明确即可。对于电动叉车，还须配置充电位。

图 9.14 叉车摆放

9.6.2 工具

1. 托盘

(1) 定位原则：设置在靠近库区入口的地方，方便存取。

(2) 区域大小：依实际场地和需求确定。

(3) 保持标准：干净、整洁、无杂物堆积。

(4) 摆放要求：摆放整齐，不超过 1.6m 色彩杆，如图 9.15 所示。

图 9.15 托盘摆放

（5）制作方法：采用油漆绘制，100mm矩形框黄色实线，字体大小充满矩形框，清晰明确即可。配置1.6m色彩杆。

2. 三角木

（1）定位原则：设置在靠近库区入口的地方，方便存取。

（2）区域大小：依实际场地和需求确定。

（3）保持标准：干净、整洁、无杂物堆积。

（4）摆放要求：摆放整齐，不超过5层堆放，如图9.16所示。

（5）制作方法：采用油漆绘制，100mm矩形框黄色实线，字体大小充满矩形框，清晰明确即可。

3. 雪糕筒

（1）定位原则：设置在靠近库区入口的地方，方便存取。

（2）区域大小：依实际场地和需求确定。

（3）保持标准：干净、整洁、无杂物堆积。

（4）摆放要求：摆放整齐，如图9.17所示。

（5）制作方法：采用油漆绘制，100mm矩形框黄色实线，字体大小充满矩形框，清晰明确即可。

图9.16 三角木管理

图9.17 雪糕筒管理

9.7 仓库指引

9.7.1 库区介绍

1. 一级仓库房现状布点看板

（1）看板位置：仓库大门内左侧。

（2）材料规格：结合具体位置及展示方式，可采用不锈钢板、亚克力板、KT板、铝塑板等多种材料，不干胶贴图、喷涂喷绘等多种形式，内容清晰明确即可。

（3）看板内容：显示整个一级仓库的布点情况，如图9.18所示；不同类型的物资用不同的颜色标识；设置在入仓的明显位置。

图 9.18　一级仓库房现状布点看板

2. 钟村库房平面图看板

（1）看板位置：仓库大门内左侧。

（2）材料规格：结合具体位置及展示方式，可采用不锈钢板、亚克力板、KT 板、铝塑板等多种材料，不干胶贴图、喷涂喷绘等多种形式，内容清晰明确即可。

（3）看板内容：显示仓库的功能区划分、消防设施分布、物资分布状态，如图 9.19 所示。

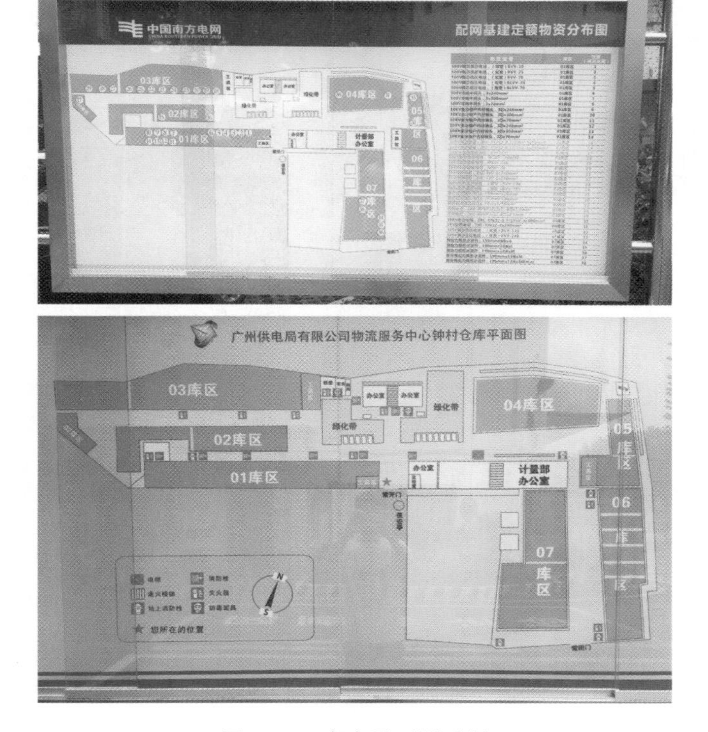

图 9.19　库房平面图看板

3. 库区一览表

（1）看板位置：仓库大门内左侧。

（2）材料规格：结合具体位置及展示方式，可采用不锈钢板、亚克力板、KT 板、铝塑板等多种材料，不干胶贴图、喷涂喷绘等多种形式，内容清晰明确即可。

（3）看板内容：显示各库区的库区属性、仓库面积、物资属性和物资类别，如图 9.20 所示。

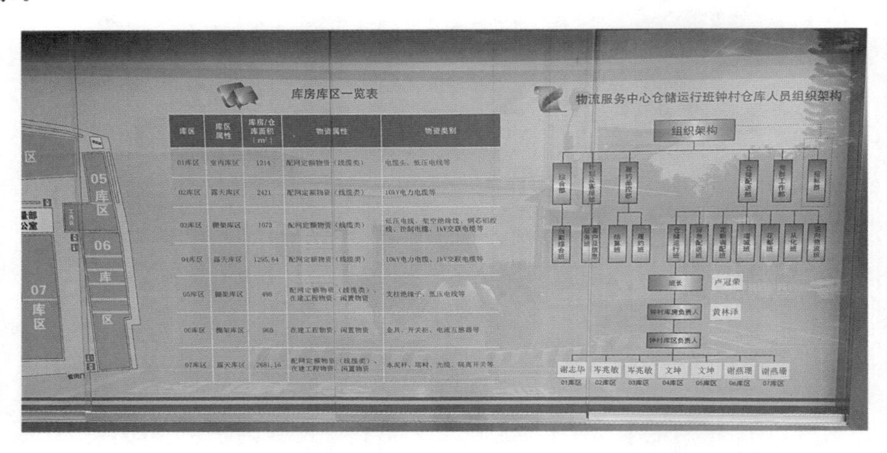

图 9.20　库区一览表

4. 库区介绍看板

（1）看板位置：各库区内。

（2）材料规格：结合具体位置及展示方式，可采用不锈钢板、亚克力板、KT 板、铝塑板等多种材料，不干胶贴图、喷涂喷绘等多种形式，内容清晰明确即可。

（3）看板内容：库区功能区域规划图、库区平面布置图，如图 9.21 所示。

5. 库区责任人看板

（1）看板位置：各库区内。

（2）材料规格：不锈钢板、亚克力板；规格为 0.4m×0.5m。

（3）看板内容：库区责任人、库区维护标准，如图 9.22 所示。

图 9.21　库区介绍看板

9.7.2　区域引导

1. 入仓须知看板

（1）看板位置：仓库大门口。

（2）材料规格：铝版丝印，不锈钢外框；规格为 0.6m×0.9m。

图 9.22　库区责任人看板

（3）看板内容：来访者入库规定，如图 9.23 所示。

图 9.23　入仓须知看板

2. 业务流程指引

（1）看板位置：入仓主干道上。

（2）材料规格：结合具体位置及展示方式，可采用不锈钢板、亚克力板、KT 板、铝塑板等多种材料，不干胶贴图、喷涂喷绘等多种形式，内容清晰明确即可。

（3）看板内容：业务流程办理介绍与指引，如图 9.24 所示。

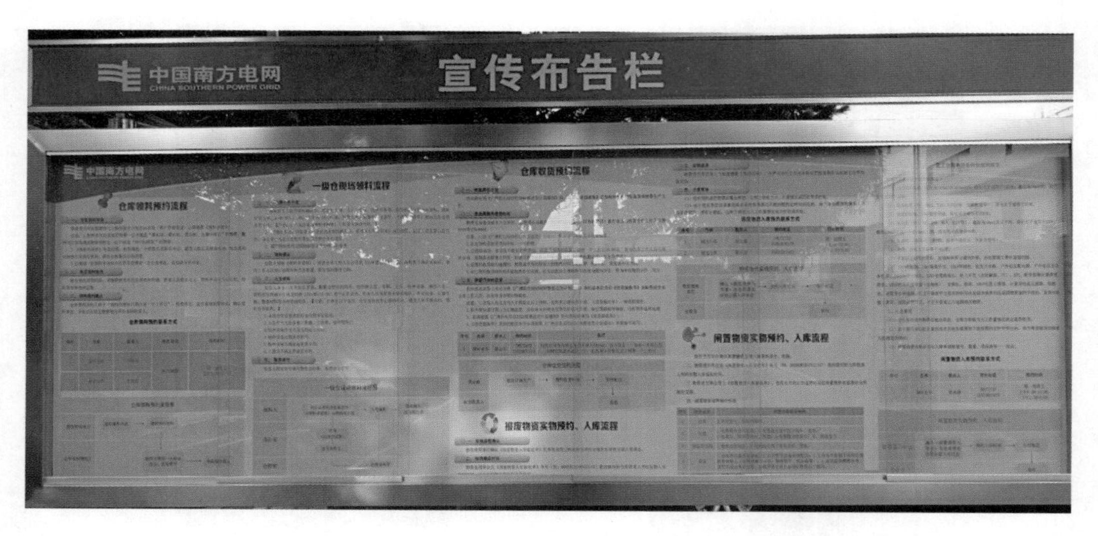

图 9.24　业务流程指引看板

3. 位置导引

（1）看板位置：入仓主干道上。

（2）材料规格：采用铝版丝印等多种材料，内容清晰明确即可。

（3）看板内容：办公区、库区、休息区方向指引，如图 9.25 所示。

图 9.25　位置导引

9.7.3　操作指引

1. 吊车作业指引

（1）看板位置：停车待检区旁。

（2）材料规格：结合具体位置及展示方式，可采用不锈钢板、亚克力板、KT 板、铝塑板等多种材料，不干胶贴图、喷涂喷绘等多种形式；钢丝绳、卸扣宜采用实物展示。

（3）看板内容：以实物、表格形式展示；钢丝绳、卸扣常用型号一览，典型电缆电线重量一览，如图 9.26 所示。

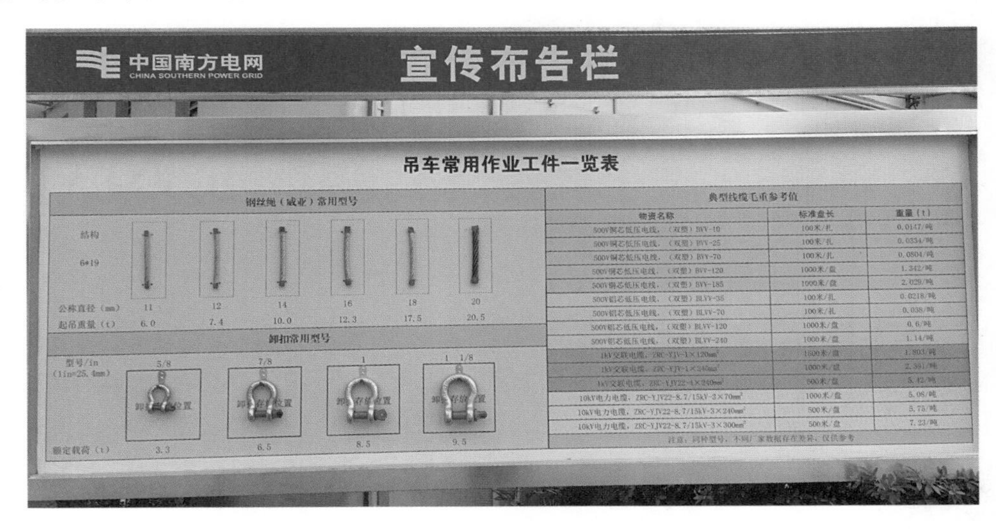

图 9.26 吊车作业指引

2. 装卸作业指引

（1）看板位置：安全技术交底区。

（2）材料规格：结合具体位置及展示方式，可采用不锈钢板、亚克力板、KT 板、铝塑板等多种材料，不干胶贴图、喷涂喷绘等多种形式，内容清晰明确即可。

（3）看板内容：以图片为主、文字为辅的形式示范装卸作业，如图 9.27 所示。

图 9.27 装卸作业指引

第 10 章 工器具区 7S⁺ 目视化标准

10.1 工具间

10.1.1 环境

1. 入口

(1) 工具间入口两侧均用禁止阻塞线标识。

(2) 工具间推拉门的运动轨迹用黄色虚线标识。

(3) 禁止阻塞线及推拉门运动轨迹黄色虚线内禁止摆放任何物件。

(4) 制作方法：使用油漆或即时贴（标签带）制作，如图 10.1 所示。

2. 地面

(1) 工具间设施通道畅通明确。

(2) 地面采用防腐、防磨、耐重的材质（地坪漆），如图 10.2 所示。

(3) 地上无垃圾、无杂物、无积水，保持清洁。

(4) 制作方法：土建铺设。

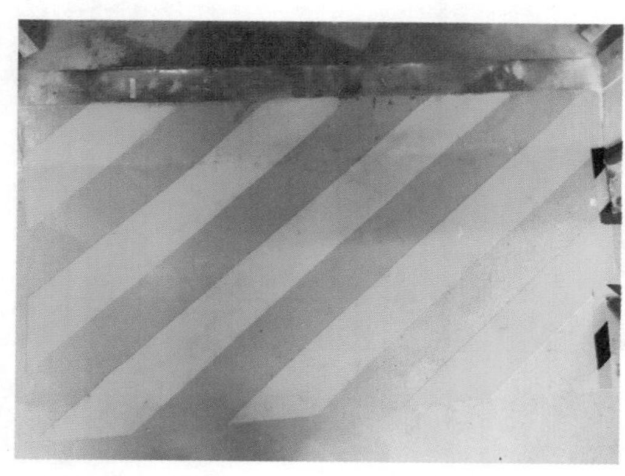

图 10.1 工具间入口

图 10.2 地坪漆

10.1.2 工具存取

1. 工具货架

(1) 制定货架编号规则，货架上方贴有相应编号标识，如图 10.3 所示。

图 10.3 工具货架

(2) 根据工具类别将货架分类标识。

(3) 对货架上每个收纳盒进行编号，并贴有相应编号标识。

(4) 架栏横杆上配有相应位置收纳盒内工具的可视化图片及条形码，按序排列，整齐明了。

(5) 制作方法：工具间货架使用敞开式货架；货架编号及分类标识使用亚克力、PVC 或 KT 等材质；可视化图片打印后过塑。

2. 收纳盒

(1) 收纳盒位置使用合适尺寸的黄色定位线定置管理，摆放整齐。

(2) 工具摆放整齐。

(3) 同一收纳盒内可存放同类型不同尺寸的工具，但需用隔板隔开，如图 10.4 所示。

(4) 制作方法：收纳盒使用开放式收纳盒；黄色定位线使用即时贴（标签带）的形式；隔板使用 PP 等塑料材质隔板。

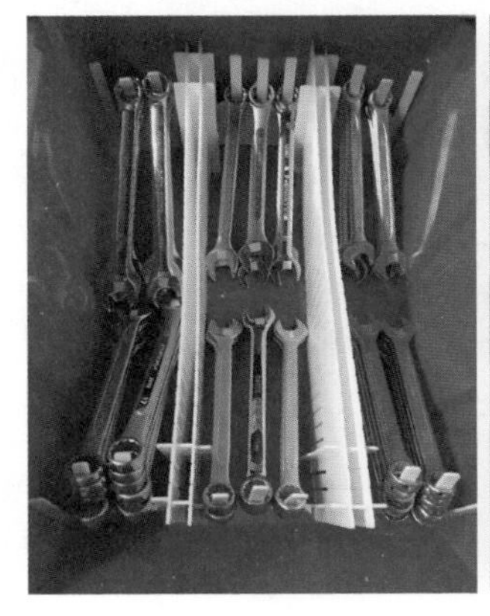

图 10.4 收纳盒

3. 工具管理平台

（1）制定出入库管理制度，制作成小型看板展示在工具管理平台上，如图 10.5 所示

（2）出入库管理相关物件分类放置，并做好区域定位标识，线宽 10mm。

（3）制作方法：使用标签机、打印机打印。

图 10.5　工具管理平台

4. 工具清洁平台

（1）配有清洁工具专用酒精、清洁工具专用抹布，并定置管理，如图 10.6 所示。

（2）制作方法：配有酒精、抹布；即时贴（标签带）定置。

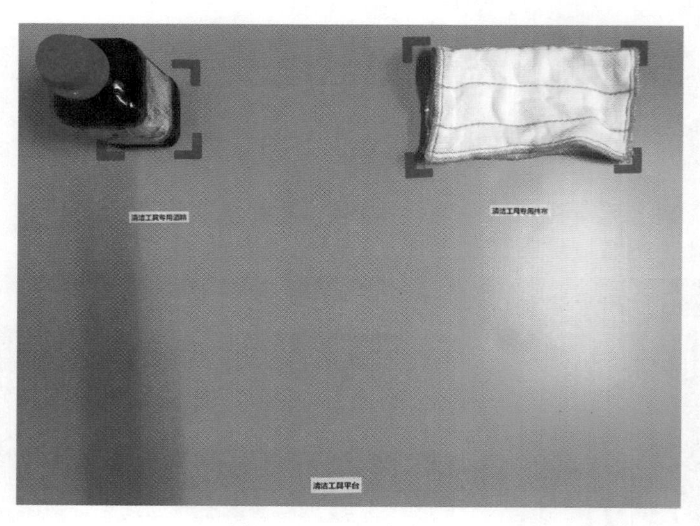

图 10.6　工具清洁平台

10.1.3　指引

1. 货架指引

（1）货架指引看板放置在工具间显眼处。

（2）货架指引看板尺寸为1600mm×1200mm，板面上方120mm×1200mm区域为南方电网标识栏，可根据现场实际调整大小。

（3）货架指引看板需说明货架编号规则，并附有货架清单，方便工作人员取放物品，如图10.7所示。

（4）看板保持干净、无脱落，看板区域不能被遮挡。

（5）制作方法：制作看板。

2. 取放指引

（1）取、放物品步骤看板放置在工具间显眼处。

（2）取、放物品步骤看板尺寸为700mm×500mm，板面上方70mm×500mm区域为南方电网标识栏，可根据现场实际调整大小。

（3）取、放物品步骤看板需详细列写取、放物品步骤，如图10.8所示。

（4）看板保持干净、无脱落，看板区域不能被遮挡。

（5）制作方法：制作看板。

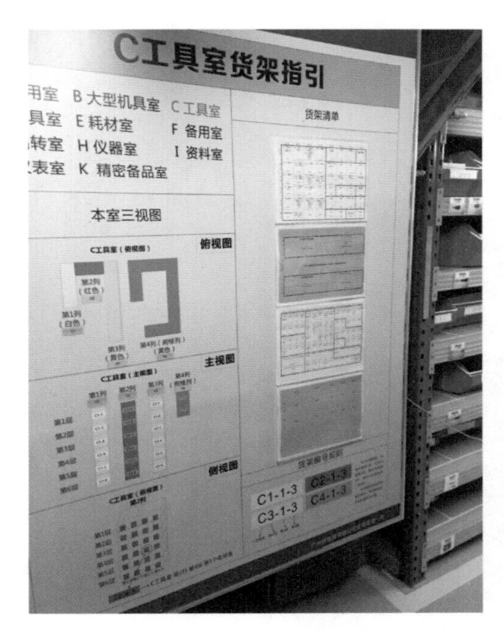

图10.7　货架指引看板

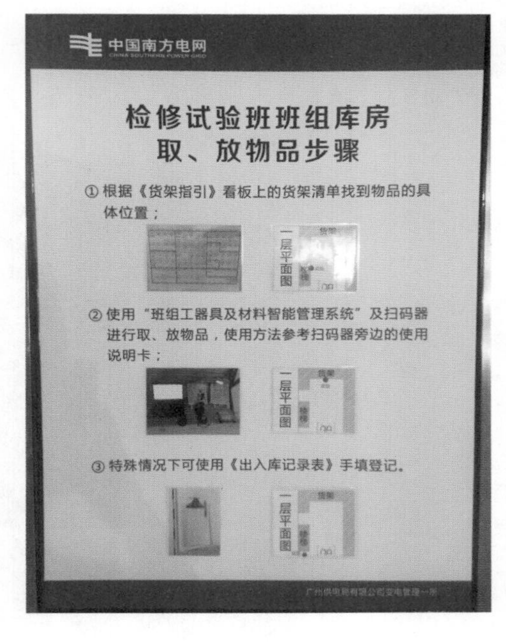

图10.8　取、放物品步骤看板

10.2 工具柜/箱

10.2.1 工器具柜

（1）使用形迹管理方法，对各工具进行定置。

（2）工具和工具柜柜体上均做好定置标签，如图10.9所示。

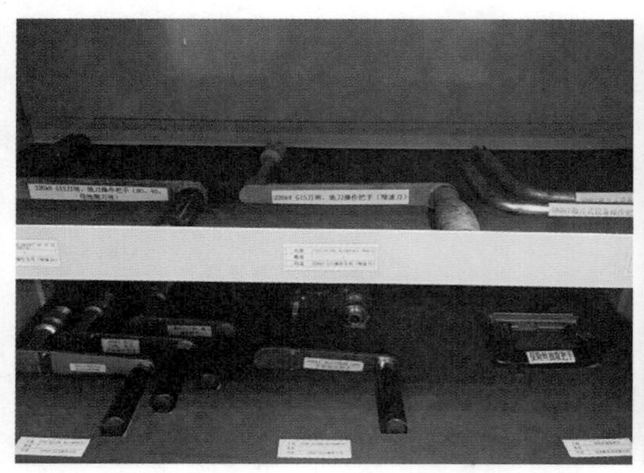

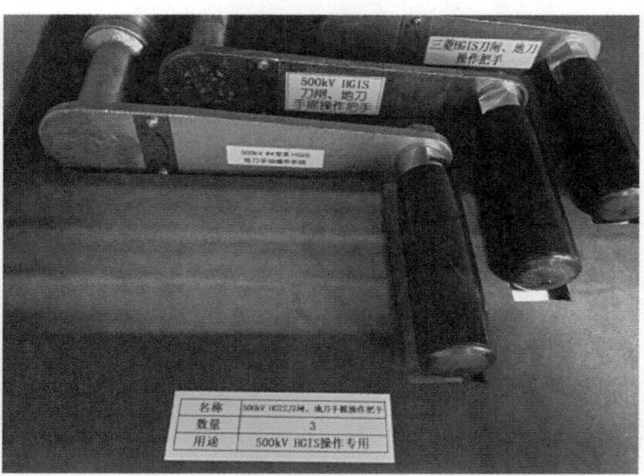

图 10.9　工具柜

（3）制作方法：使用橡胶垫或海绵垫抠槽定置工具位置；使用“名称、数量、用途”标签标识工具。

10.2.2　安全工器具柜

（1）安全工器具在柜内定格整齐摆放。

（2）柜门外设置索引牌标明柜内物品，如图 10.10 所示。

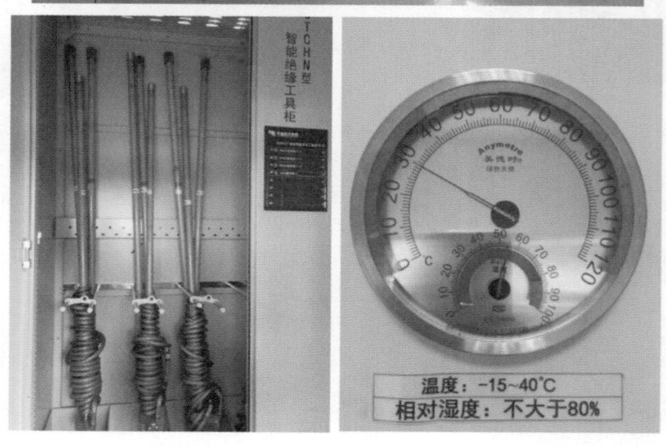

图 10.10　安全工器具柜

(3) 安全带、接地线缠绕整齐。
(4) 安全工器具柜定置位置地面划定位线。
(5) 配备温湿度计，温度要求 15～40℃，湿度要求不大于 80%。
(6) 制作方法：按相关规范要求制作标签、地面物品定置线。

10.2.3 安全帽柜

(1) 使用分格形式的安全帽柜定置摆放，每格仅放一顶安全帽，如图 10.11 所示。

图 10.11 安全帽柜

(2) 安全帽上及安全帽柜内均用标签标示。
(3) 安全帽取用后放回时，需理顺好帽带。
(4) 安全帽标签朝外，整齐摆放。
(5) 制作方法：使用“姓名+科室/班组/单位”标签。

第 11 章 监控中心区 7S⁺ 目视化标准

11.1 调度工作台

（1）桌面配备三种功能的电脑屏幕及对应控制鼠标，分别为电话屏、工作机、系统机，如图 11.1 所示。

图 11.1 调度工作台

（2）工作机、系统机配备对应控制键盘。

（3）电脑屏幕用不同颜色进行编号标识，鼠标、键盘制作对应标识。

（4）桌面配备两台电话，为内线和外线电话，分别对应用标签机打印标识为“内线电话”“外线电话”。

（5）桌面所有物品均制作定位标识。

（6）制作方法：区域划线使用 12mm 宽黄色胶带定位，用标签机打印。

11.2 调度员笔记

（1）调度员笔记本统一规格。

（2）笔记本书脊下同一位置同一高度粘贴调度员姓名标识，不同值用不同颜色的标签区分，如图 11.2 所示。

图 11.2 调度员笔记标识方法

（3）两端使用书立固定后摆放在调度台便于取阅的位置。

（4）对摆放区域进行定位，张贴“调度员笔记”标识。

（5）制作方法：调度员名签使用标签机打印或使用缺口纸制作；调度员名签粘贴在距离底边 5mm 的位置；区域定位可使用 12mm 宽黄色胶带进行画线。

11.3 调度安全看板

（1）在适宜区域制作安全管理看板。

（2）看板上划分“当值人员”“安全生产备忘录”“安全文化”“工作通报”等四个区域，如图 11.3 所示。

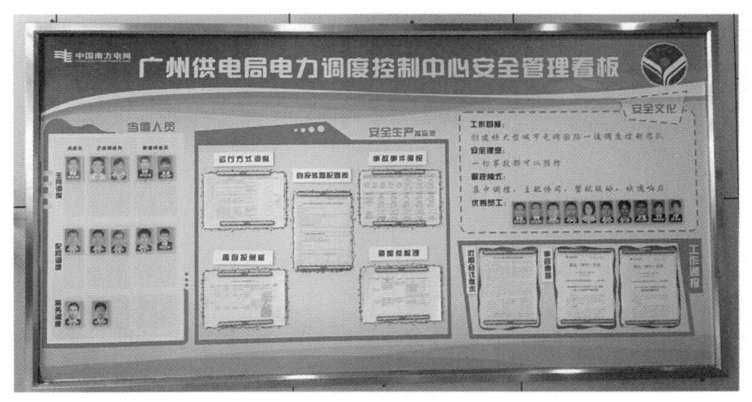

图 11.3 调度安全管理看板标识方法

（3）“当值人员”区域需制作所有调度员名牌，及时更换当值人员名牌。

（4）“安全生产备忘录”区域需展示安全方式调整、自投装置配置、事故事件等级、备自投策略、风险点梳理等内容。

（5）“工作通报”区域需展示近期会议要求和事故通报。

（6）“安全文化”区域需对工作目标、安全理念、管控模式、优秀员工等内容进行宣传。

（7）制作方法：采用磁铁可吸附的看板；调度员名牌需有磁力，便于更换。

第12章 实验区 $7S^{+}$ 目视化标准

12.1 绝缘油分析实验室

12.1.1 实验室环境

1. 实验室区域划分

（1）实验室总体上分为四类区域：试验区（包括样品接收、测试、废液回收和清洗区）、公共用品区、备品区和特殊区域（药品房、气瓶房、洁净室等），原则上各区域布局按照试验流程，以行走距离最短为要求。

（2）试验区域按照试验项目单独划区，若无法做到则需要在包含多种项目的区域增加区域指引。

（3）公共用品区放置文具、工器具等通用物品，备品区放置生产备用物资。

（4）根据区域划分绘制实验室定置管理平面图，并采用吊牌/贴牌区分。

（5）区域指引应包含该区域主要测试项目名称，采用吊牌置于区域吊牌旁边，或置于醒目位置。

（6）制作方法：定制管理图看板、亚克力区域吊牌/贴牌，吊牌尺寸为长300mm、宽120mm，如图12.1所示。

2. 外来人员登记

（1）外来人员登记处应设置于实验室入口外显眼位置。

（2）外来人员登记处需配备登记台、登记表和签字笔，如图12.2所示。

（3）外来人员登记处、登记表需要进行标识。

（4）制作方法：黄色标签带。

3. 实验室门

（1）门上粘贴有Ⅵ牌标识区域名称，有责任人和电话，如图12.3所示。

（2）门上一律粘贴推拉标识。

（3）门上粘贴必要的警示标志。

（4）推拉标识规格：100mm×100mm。

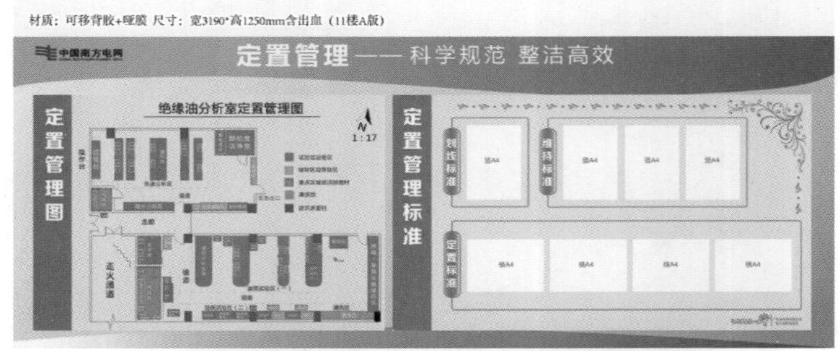

图 12.1 实验室区域划分及吊牌

图 12.2 外来人员登记定置管理标准

图 12.3 实验室门管理标准

(5) 制作方法：亚克力Ⅵ牌。

4. 实验室地面

(1) 除必须放置在地面的大件外，其他物品不允许放置在地面，地面物品采用黄色粗胶带或油漆线定位，如图 12.4 所示。

(2) 各区域采用通道线进行封闭，且通道内不存在任何障碍物，通道干净、无油渍，防滑。

(3) 开门的路径粘贴开门线。

(4) 制作方法：黄色荧光胶带或油漆、黄色标签带/纸张打印剪裁过塑张贴。

5. 实验室管理制度

(1) 实验室管理制度采用广告相纸制作并采用亚克力板安装上墙，如图 12.5 所示。

(2) 主要管理制度有：实验室管理制度、环境条件及设施管理制度、药品房管理制度、气瓶房管理制度、废旧药品管理制度。

(3) 实验室管理制度应放置于实验室入口显眼位置，其他管理制度安装于对应区域墙面。

(4) 制作方法：广告相纸规格，长 800mm、宽 500mm；亚克力板上墙。

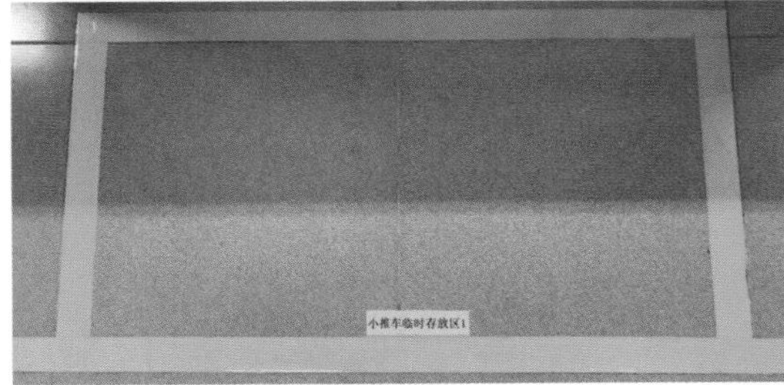

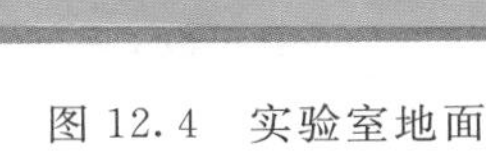

图 12.4 实验室地面

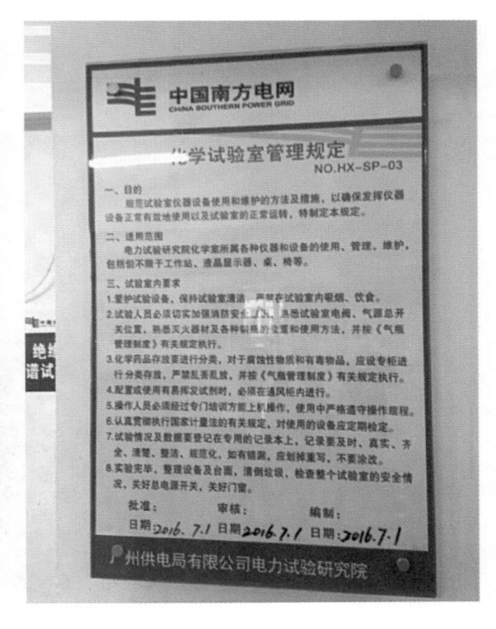

图 12.5 实验室管理制度

6. 温湿度计与记录表

(1) 在墙面醒目位置放置温湿度计并进行标识，标明温湿度正常范围（温湿度按照绝缘油分析实验要求），如图 12.6 所示。

(2) 温湿度计下方放置温湿度记录表，在墙面粘贴亚克力盒子，记录表放置于亚克力盒内或用文件板夹悬挂于墙上。

(3) 亚克力盒子规格：竖版 A4 纸大小。

（4）名称标识：适当规格黄色标签带/胶带。

（5）温湿度范围：适当规格黄色标签带/胶带。

（6）制作方法：温湿度计悬挂于墙面，盒子或文件板夹墙面悬挂并制作标识。

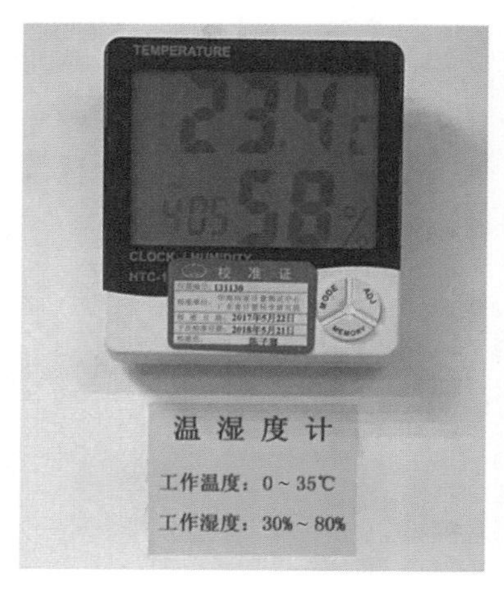

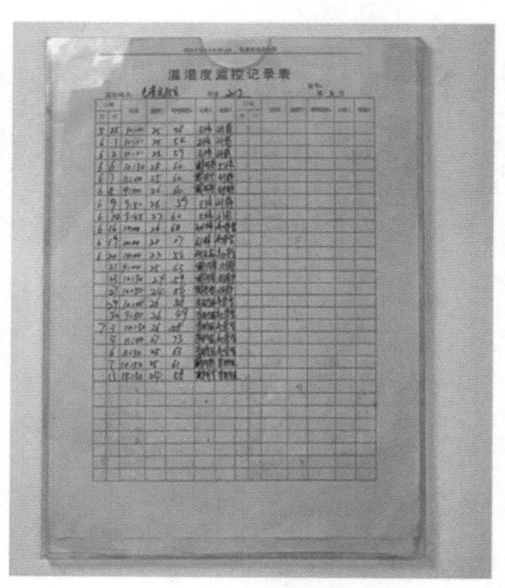

图 12.6　温湿度计与记录表

7. 试验台

（1）试验台如图 12.7 所示。

（2）制作方法：采用黄色标签带或黄色即时贴线条。

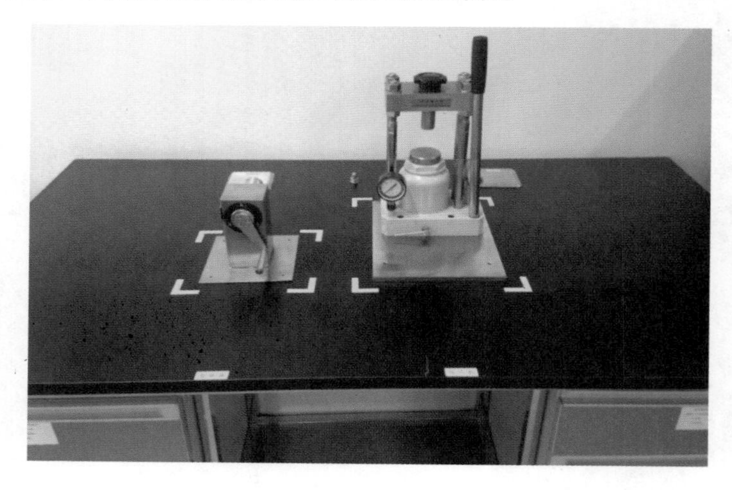

图 12.7　试验台

12.1.2　仪器、器具

1. 设备仪器

设备仪器如图 12.8 所示。

（1）设备仪器状态标识，在用设备粘贴合格证，待维修、待校验的设备粘贴相应标签。

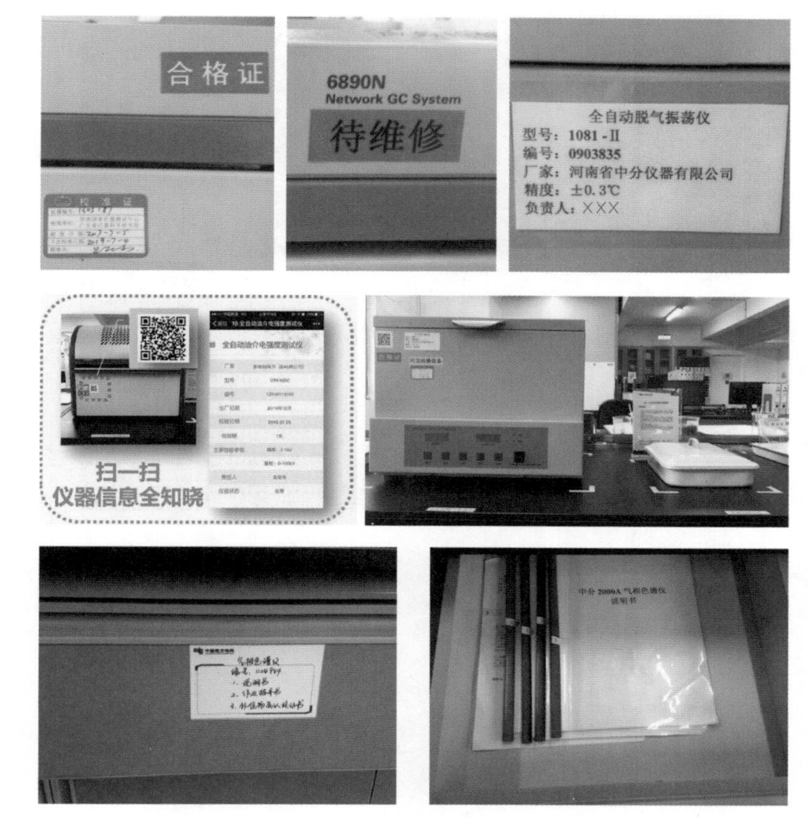

图 12.8 设备仪器

(2) 在设备仪器上醒目位置粘贴档案信息卡，需包含厂家、型号、精度、责任人等信息。

(3) 若需体现更多信息（如出厂日期、校验日期等），将信息收录于二维码内，粘贴于统一位置。

(4) 设备仪器操作规范 Word 打印，采用亚克力立牌放置于设备旁边显眼位置，并进行定位标识。

(5) 设备仪器技术资料应就近放置于设备附近抽屉、柜子或桌面。抽屉外进行明细说明，抽屉内部进行对资料进行编号。在桌面的文件采用文件盒进行定位、标识。

(6) 抽屉/柜明细规格：适当规格白色可粘贴标签，打印或手写均可。

(7) 四角定位、桌面物品标识等规格见试验台面定置管理标准。

(8) 制作方法：采用黄色标签带或黄色即时贴线条、亚克力立牌、自制设备档状态卡片与卡片盒。

2. 试验工具、配件

(1) 试验工具与设备配件应按照使用频率放在设备旁边的桌面、抽屉或柜内，以方便取用为准。

(2) 放置在桌面的试验工具、配件应置于托盘内形迹化管理，托盘四角定位，进行标识，如图 12.9 所示。

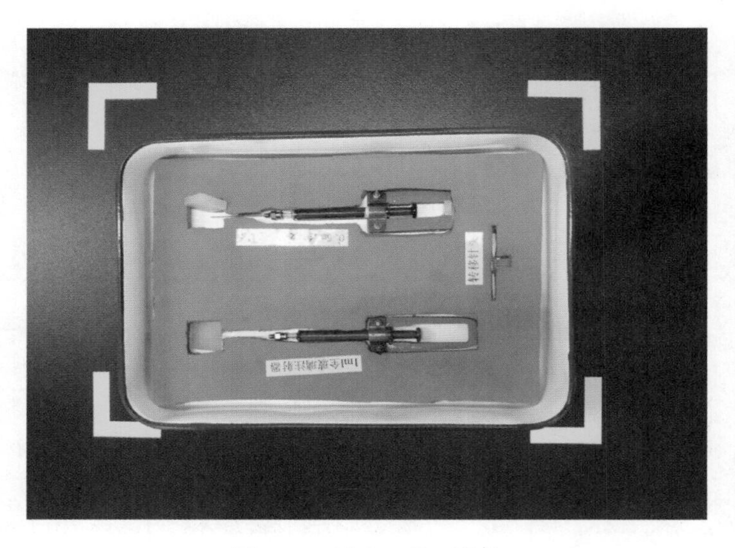

图 12.9　试验工具、配件

（3）试验工具、配件放置在抽屉则应按照抽屉标准进行管理，外面粘贴明细，里面进行标识。

（4）明细规格同技术资料管理。标识规格：适当规格的黄色标签带/胶带。

（5）制作方法：采用黄色标签带或黄色即时贴线条四角定位、粘贴明细标签。

3. 普通玻璃器皿

（1）除针筒、取样瓶外的其他玻璃仪器可放置于普通储物柜内。

（2）采用黑色泡沫垫进行挖孔，孔大小根据玻璃仪器底部尺寸定制，如图 12.10 所示。

（3）不同种类、规格的仪器进行分类、定位、标识，标识上应明确标明仪器规格。

图 12.10　普通玻璃器皿定置标准

（4）标识规格：适当规格宽黄色标签。

（5）制作方法：泡沫垫挖孔，采用黄色标签标识，采用黄色标签带或黄色即时贴线条。

4. 针筒/取样瓶

（1）待使用的针筒、取样瓶应放置于专业电子防潮柜内，多余的放入备品区储存。

（2）电子防潮柜需要标明工作湿度区间。

（3）电子防潮柜每层需要根据玻璃器皿种类和尺寸定制合适的固定装置，每层需要对器皿规格进行标识，如图12.11所示。标识规格：适当规格的黄色标签。

图12.11 针筒/取样瓶

（4）针筒固定装置：亚克力支架，根据针筒尺寸定制开孔大小。

（5）取样瓶固定装置：泡沫垫，厚20mm，根据取样瓶尺寸进行。

（6）制作方法：定制亚克力支架、泡沫垫挖孔，采用黄色标签标识。

5. 物料车

（1）物料车应放置亚克力板定制的专用支架，用以固定针筒、取瓶等，如图12.12所示。

图12.12 物料车

（2）物料车所在区域应在地面进行画线定位、标识。规格参照地面定置管理标准。

（3）根据物料车每一层的用途，贴上适当规格的黄色标签。

（4）制作方法：自主定制亚克力支架、标识。

12.1.3　试验区

1. 样品接收区

（1）样品接收区应设置于实验室入口附近区域。

（2）需要放置油样托盘，托盘内只放置常规试验油样，且分别标注当天油样和前一天油样，如图 12.13 所示。

（3）非常规普查油样和科技项目用油等较长时间才进行测试油样放入油样储存区。

图 12.13　样品接收区

（4）油样接收区应设置送样登记本，并进行画线标识，配有签字笔。登记本应该与油样托盘保持 300mm 以上的距离，防止被油渍沾污。

（5）桌面采用四角定位。

（6）制作方法：采用黄色标签带或黄色即时贴线条。

2. 废液回收区

（1）废液回收区域应设置于用油最多的设备附近，废液桶/缸放置在定制容器里，防止油渍扩散到地面，如图 12.14 所示。

图 12.14　废液回收区

（2）废液回收区应采用标识牌明确区分废油与废液（石油醚、其他化学废液），并设置“禁止吸烟”与“易燃液体”的警示标志。

（3）在废液/废油容器上划限高线，容量达到 2/3 以上时必须进行处理。

（4）标识牌与警示牌规格：亚克力板。

（5）废液回收区划线标准：50mm 红色反光胶带。

（6）制作方法：亚克力板上墙，红色反光胶带。

3. 清洗区

（1）清洗区需要配备防滑地毯、“小心地滑”警示牌、清洗剂和瓶刷等物质。

（2）清洗剂、瓶刷等酒精放置于洗手池附近。

（3）清洗池应安装洗眼器，如图 12.15 所示。

（4）制作方法：放置地毯、“小心地滑”警示牌、洗眼器。

图 12.15 清洗区

12.1.4 公共用品区

（1）设置公共用品存放区，主要放置手工具、文具等实验室公共用品。

（2）对于非透明抽屉/柜子应绘制可视化指引，采用 A4 纸打印，过塑清晰表明每个抽屉、柜子内部物品，如图 12.16 所示。可视化指引放置在显眼位置。

（3）放置手工具抽屉内应根据手工具形状挖孔进行定置摆放，另附上名称标识。

（4）标识规格：适当规格黄色标签。

（5）制作方法：泡沫垫挖孔；可视化指引采用 A4 纸打印并过塑。

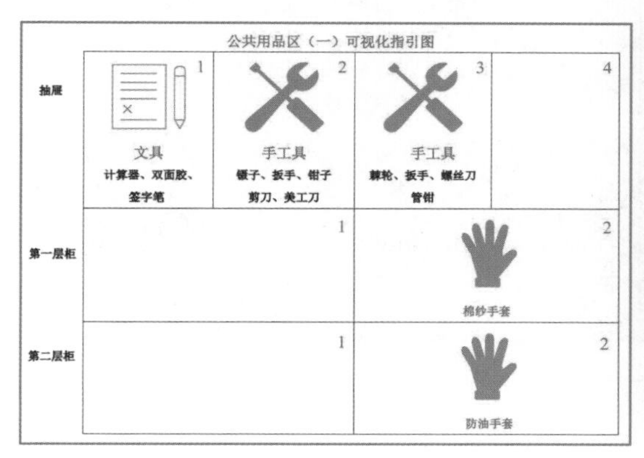

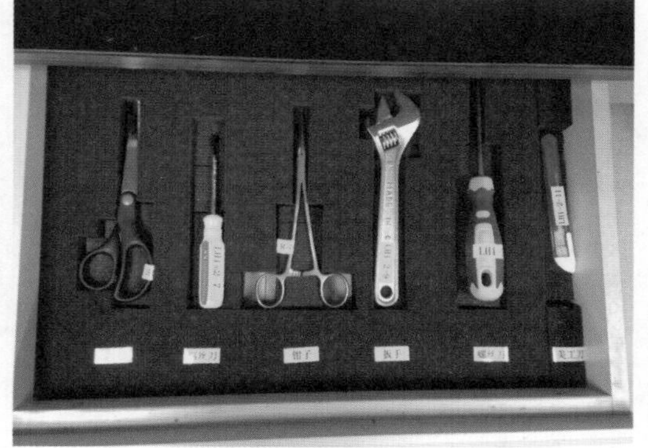

图 12.16 公共用品区

12.1.5 备品区

（1）设置生产备品存放区，放置实验室生产备用物资。

（2）非透明柜门需要设置可视化指引，清晰标明抽屉/柜内物品摆放，如图 12.17 所示。

（3）抽屉和柜内物品进行分类、画线、定位、标识。

（4）消耗品储柜内要设置存量警戒线并配图说明。

（5）画线规格：适当规格的黄色标签带/胶带；标识规格：适当规格的宽黄色标签。

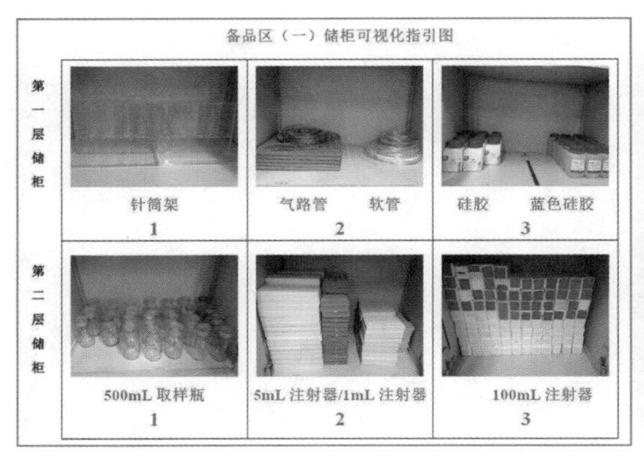

图 12.17　备品区

（6）制作方法：A4 纸打印过塑、标签打印存量警戒线、黄色标签和画线。

12.1.6　特殊区

1. 药品

（1）严格按照危险化学品性质进行分类存放［《常用化学危险品贮存通则》（GB 15603—1995）］，易燃、腐蚀性化学品均应采用对应的防爆柜和防腐蚀柜，如图 12.18 所示。

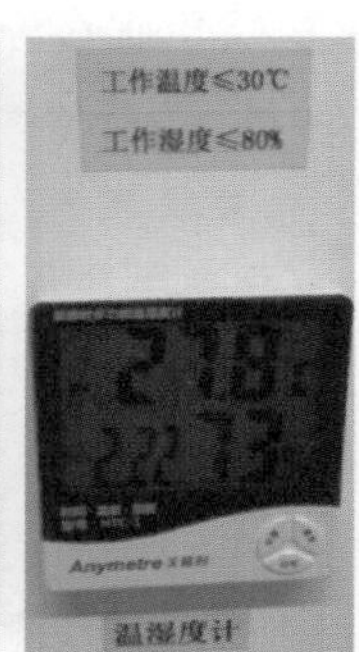

图 12.18　药品

（2）柜内物品需要根据危化品性质配备警示标识。

（3）柜内药品进行分类、画线、定位、标识，并且根据需求制作量化标识。

（4）醒目位置放置温湿度计，标明工作温湿度范围。

（5）制作方法：专业化学品药品柜、水牌、量化标识采用黄色标签带或黄色即时贴线条。

2. 气瓶

（1）使用中的气瓶必须放置于专用气瓶柜内，备用气瓶通过钢链固定于墙上，如图 12.19 所示。

（2）压力表通过红黄绿色彩进行颜色管理并粘贴图示说明。

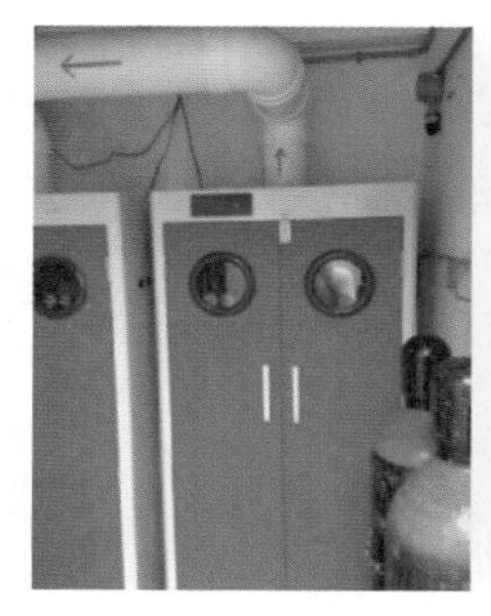

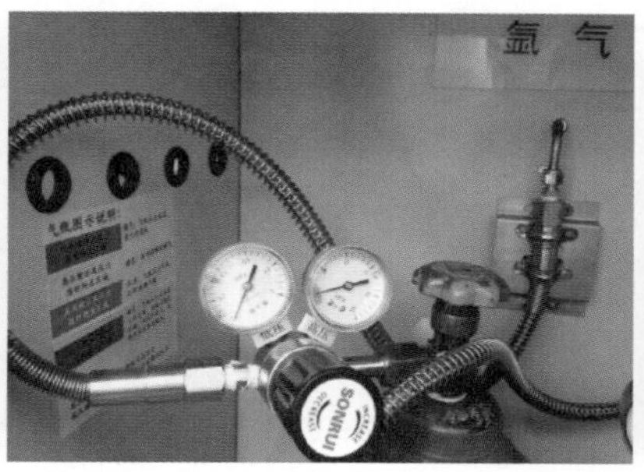

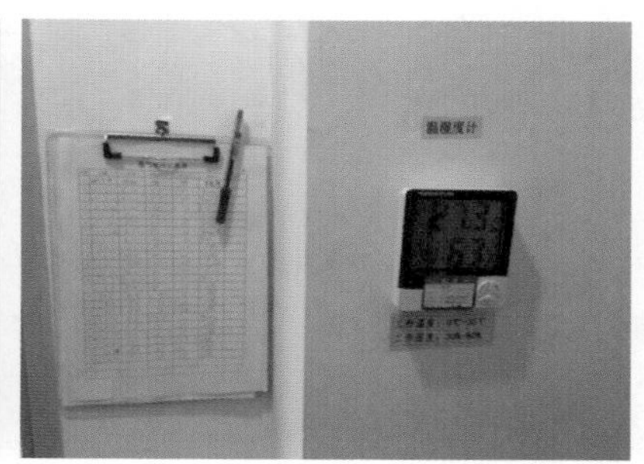

图 12.19　气瓶

（3）氢气使用记录表放置于醒目位置，使用前后必须做记录。

（4）墙面醒目位置放置温湿度计，标明工作温湿度范围［按照《常用化学危险品贮存通则》（GB 15603—1995）对于压缩气体储存的要求执行］。

（5）制作方法：压力表黄绿红颜色可用油漆笔画于表盘上或即时贴刻 3mm 线条张贴，并用 Word 编辑打印图示说明；专用气瓶柜；墙面打钉放置温湿度计，黄色标签打印。

12.2　计量高标准实验室

12.2.1　实验室环境

1. 实验室入口

实验室入口如图 12.20 所示。

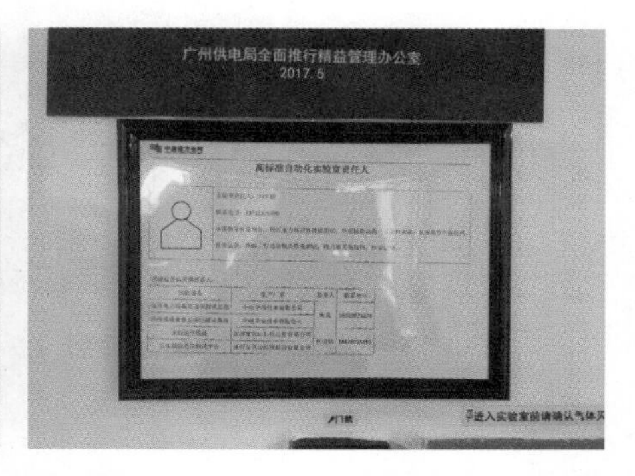

图 12.20　实验室入口

（1）入口、出口标识放置于门上方，规格：初号黄色黑体。

（2）实验室负责人/联系人牌匾置于入口处的合适位置，离地 1.6m，规格：A4 纸大小桃木边框。

（3）实验室平面图采用 A4 纸大小的亚克力插框置于实验室铭牌下方。

（4）明确进实验室前需要注意的特别事项，张贴于显眼位置，采用黄底黑字 48mm 标签带，二号黑体。

（5）实验室外来人员访问登记表（带笔）采用 A4 纸打印，并用 12mm 宽的黄标带进行定位。

（6）实验室消防提示要便于进入人员视野范围，采用黄底黑字 48mm 标签带，三号黑体。

（7）制作方法：入口、出口标识采用胶带刻字；实验室负责人/联系人牌匾自行购买，A4 打印出来插进去即可；实验室平面图用 Visio 画图，并进行分区域标注着色，打印出来，亚克力插框用强力胶粘贴在门上；实验室外来人员访问登记表用文件夹板进行衬托；标签带采用标签机打印。

2. 实验室门禁

（1）在有门禁的地方应该明确标识，一般置于门禁刷卡器上方，如图 12.21 所示。

图 12.21　实验室门禁

（2）采用 24mm 宽、黄底黑字、黑体字标签打印，三号宋体。

（3）制作方法：标签机打印标签。

3. 风淋间

风淋间如图 12.22 所示。

（1）用 A4 纸大小的标识牌说明风淋间风淋的使用方法，一号宋体字体。

（2）明确破玻锤放置点，采用使用 12mm 宽黄色胶带标识进行定制，并标明破玻锤序号，例如“破玻锤×”。

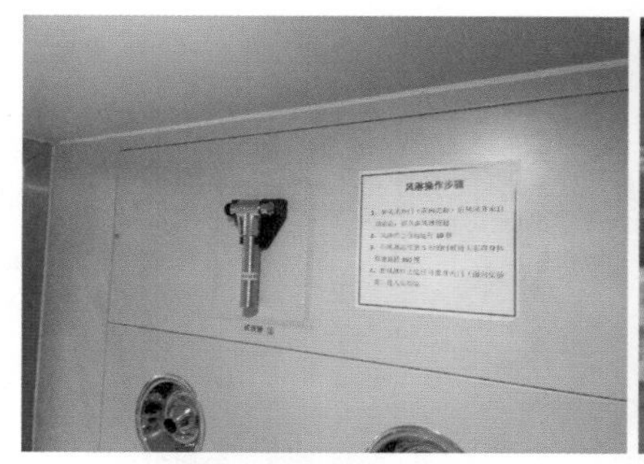

风淋操作步骤

1. 如关闭外门（面向走廊）后风淋并未自动启动，请点击风淋按钮。
2. 风淋将会自动运行 10s。
3. 在风淋运行至 5s 的时候请大家将身体原地旋转 360°。
4. 在风淋停止运行可推开内门（面向实验室）进入实验室。

图 12.22 风淋间

（3）在玻璃四个角位置设置破玻点，采用直径 20mm 黄色圆点示意破玻锤破玻位置。

（4）制作方法：风淋间风淋的使用方法直接打印粘贴；破玻点直接用黄色或者红色波点贴；采用标签机打印破玻锤序列号。

4. 温湿度记录表

（1）用 A4 纸打印记录表格，如图 12.23 所示。

（2）用文件夹板（带笔）夹住记录表。

（3）置于便于记录、查阅的位置。

（4）四周用 12mm 黄色标带进行位置固定，或者四角定位。

（5）在文件夹上方制作定位标识，宽度 12mm，黄底黑字，三号宋体。

（6）制作方法：标签机打印标签；使用强力粘钩作为固定点。

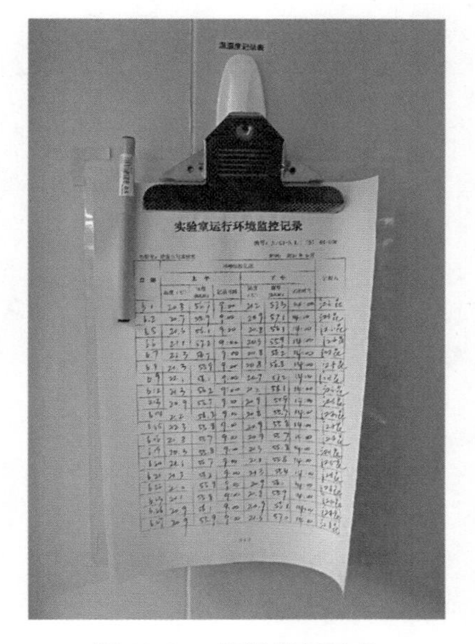

图 12.23 温湿度记录表

5. 实验室生产任务看板

（1）至少包含日期、设备、工作任务、测试人四大要素，如图 12.24 所示

（2）推荐使用磁贴进行看板布置，方便快捷。

（3）如需要更进一步则可以使用液晶显示器作为看板，可定制化程度高，更新内容方便快捷。

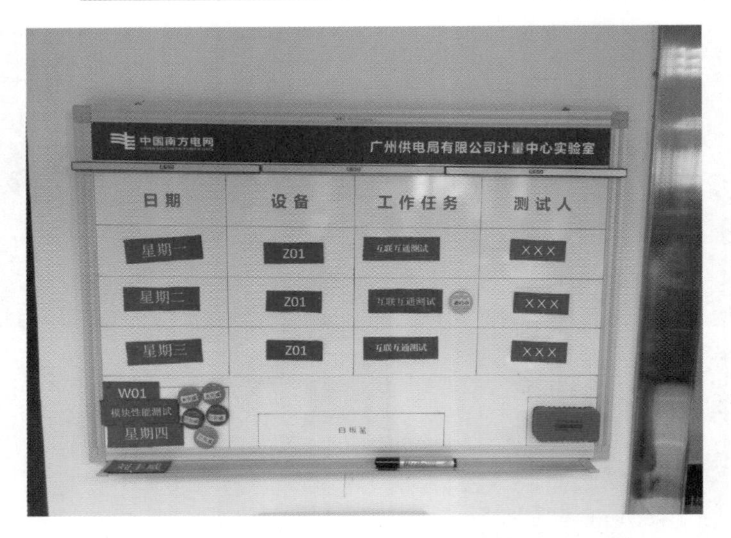

图 12.24　实验室生产任务看板

(4) 制作方法：PVC 板、KT 板喷绘；用白板画线。

6. 带电危险点

(1) 设备上电后裸露的带电部分应该进行危险标识。

(2) 采用国家标准的黄黑相间的胶带进行位置圈定，如图 12.25 所示。

图 12.25　带电危险点

(3) 制作方法：使用胶带直接张贴。

12.2.2　设备仪器

1. 试验设备

(1) 实验室设备摆放以空间最大利用率为原则，如图 12.26 所示。

（2）区域线离设备500mm，黄色定位线。

（3）制作方法：直接使用黄色胶带粘贴在地面。

图12.26 试验设备

2. 试验设备外接线

（1）设备地面走线突出部位使用黄黑相间胶带覆盖，制作警示标识，如图12.27所示。

（2）非地面走线用扎带按照不大于500mm的间隔进行捆扎。

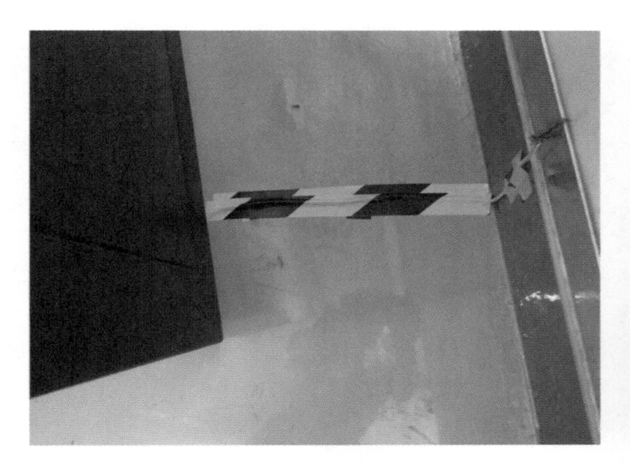

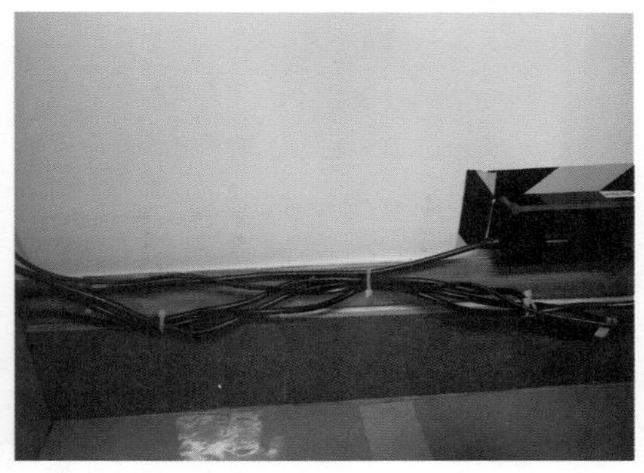

图12.27 试验设备外接线

3. 试验设备操作指引

（1）试验设备操作看板采用A3纸打印，确保所有操作步骤都能体现。

（2）使用亚克力框立式放置于试验设备旁，如图12.28所示。

（3）尽可能用图文并茂的方式来指向每一个步骤。

（4）制作方法：使用打印机彩色打印，直接插页放置于亚克力板上。

4. 试验设备维护记录

（1）设备维护记录固定存放在设备旁，方便人员记录，如图12.29所示。

（2）记录表单A4纸打印后置于文件夹板上。

（3）在文件夹上方制作定位标识，宽度 12mm，黄底黑字，三号宋体。

（4）制作方法：表格直接打印，挂钩粘贴后悬挂管理。

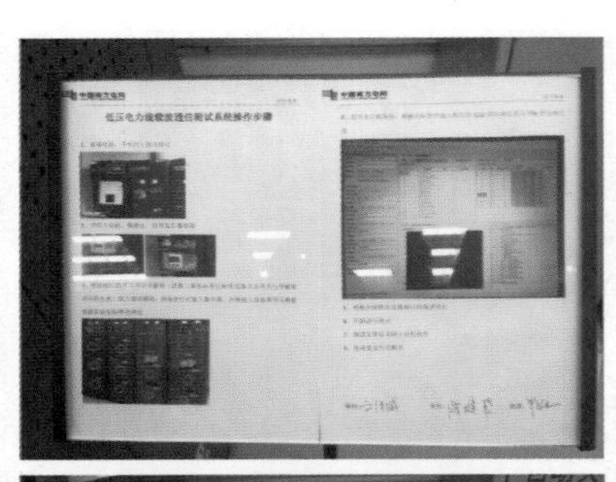

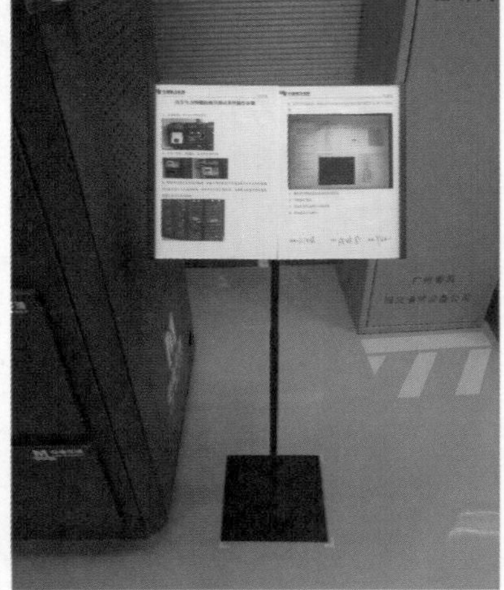

图 12.28　试验设备操作看板

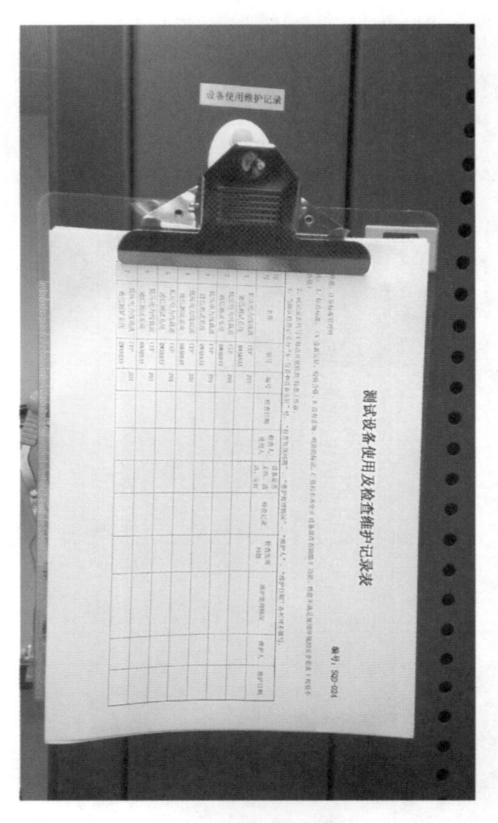

图 12.29　试验设备维护记录

5. 试验设备电源标识

（1）使用标签打印开关名称，置于开关下方或者合适的位置，如图 12.30 所示。

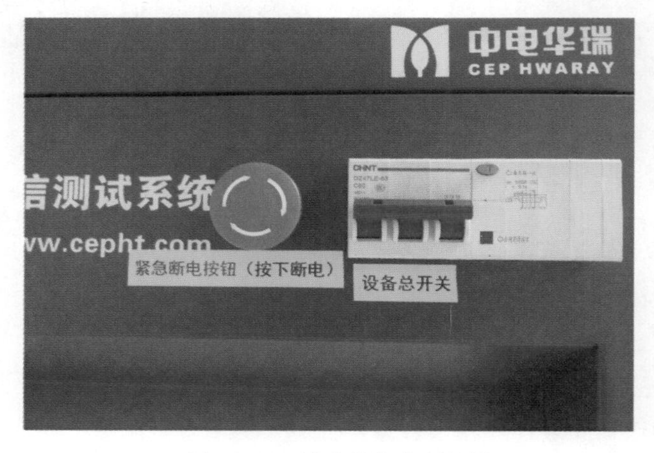

图 12.30　试验设备电源标识

（2）采用12mm黄底黑字标签带，三号黑体。

（3）制作方法：标签机打印。

6. 试验设备操作标识

（1）使用标签打印按钮对应的设备卡位名称，置于开关下方或者合适的位置，如图12.31所示。

（2）黄底黑字标签带，三号宋体。

（3）制作方法：标签机打印。

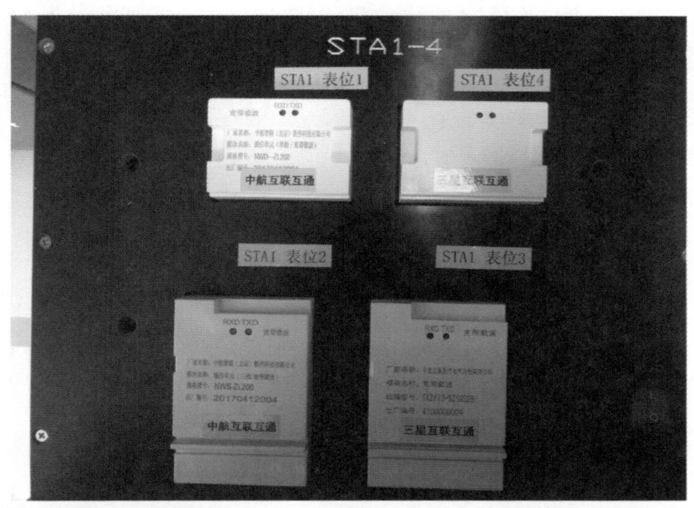

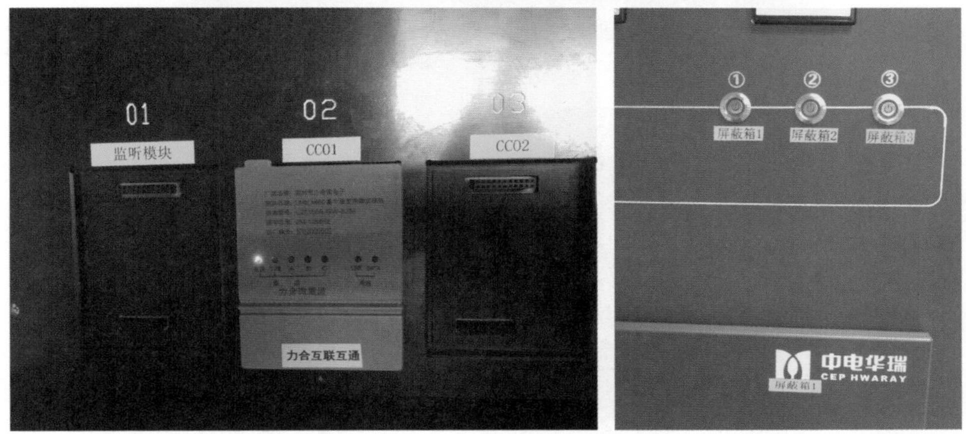

图12.31 试验设备操作标识

7. 设备状态标识

（1）设备状态标识应包含运行状态、设备名称、设备编号、管理人员、操作人员、责任人，如图12.32所示。

（2）使用定位标识对标识牌进行定位。

（3）应有标签显示该位置为放置状态标识牌。

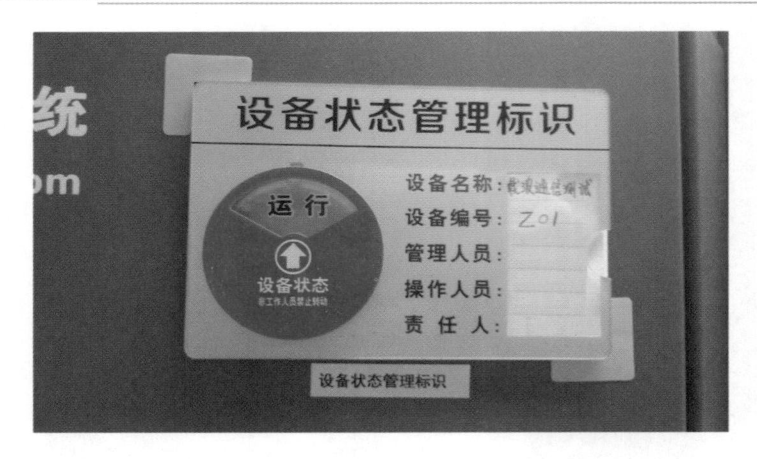

图 12.32 设备状态标识

（4）在状态标识牌下方用黄底黑字标签带进行标识，三号黑体。

（5）制作方法：状态标识的具体信息直接打印或者手写；使用对角定位贴进行定位；标签机打印标签；标识牌网上购买。

12.2.3 样品

1. 样品存放

（1）分三种类型样品区，建议从上至下为已检品、待检品、不合格品，如图 12.33 所示。

（2）三种样品区的标识牌分别用绿底白字（黑体）、蓝底白字（黑体）、红底白字（黑体）。

图 12.33 样品存放

（3）使用硬质塑料板。

（4）制作方法：联系厂家制作，或自行购买。

2. 样品小车

（1）样品小车按照样品测试时间进行划区，用纸板进行间隔，如图 12.34 所示。

（2）上层可放置即将检测的样品、下层放置已检完的样品或者待检的样品。

（3）样品小车推手上应有“已检区/待检区”字样，使用 48mm 黄底黑字标签带，二号黑体。

（4）不合格区用红底进行标识。

（5）制作方法：用纸板或收纳格板进行制作；标签机打印、打印机彩色打印。

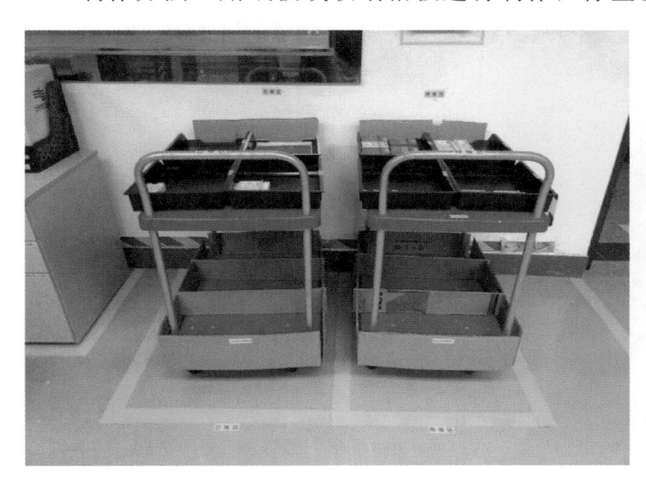

图 12.34　样品小车

第13章 机房区 $7S^{+}$ 目视化标准

13.1 出入口

13.1.1 门

（1）机房入门地面贴红色警戒线，标识规格：50mm宽红色胶带、魔术贴或油漆。

（2）机房入门处设置挡鼠板，规格：500mm高塑料板或铁板，并按安健环要求贴防止绊跤线，如图13.1所示。

（3）机房门口把手处需张贴“推”“拉”标识。

（4）机房门口把手处需张贴“出入请关门”标识。

13.1.2 进门须知

（1）机房门口显眼位置张贴机房管理标准。

（2）进出须知包括穿鞋套、人员进出登记、个人物品不得带入、设备进出登记等信息，如图13.2所示。

（3）张贴颜色指示。

（4）制作方法：彩色打印出来后张贴在显眼处。

13.1.3 机房鞋套机

（1）鞋套机固定放置在门口显眼位置，并制作定位标识和“进入机房前请穿戴鞋套”的温馨提示，如图13.3所示。

（2）鞋套机显眼处张贴鞋套更换周期提醒标识。

（3）鞋套机地面定位。

（4）制作方法：标识采用标签机打印，根据实际情况选用合适尺寸。

13.1.4 登记台和登记表

（1）机房进出登记表应放在门口显眼位置，如图13.4所示，并张贴引导标识“登记”。

（2）进出机房及时登记，定期检查登记情况。张贴颜色指示。

（3）制作方法：彩色打印出来后裁剪到合适尺寸张贴。

图 13.1 机房入门处

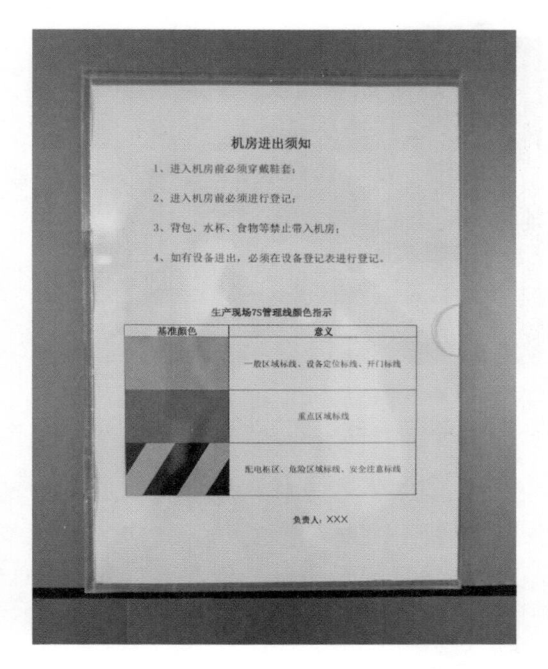

机房进出须知

1、进入机房前必须穿戴鞋套；

2、进入机房前必须进行登记；

3、背包、水杯、食物等禁止带入机房；

4、如有设备进出，必须在设备登记表进行登记。

生产现场7S管理线颜色指示

基准颜色	意义
	一般区域标线、设备定位标线、开门标线
	重点区域标线
	配电柜区、危险区域标线、安全注意标线

负责人：XXX

图 13.2 机房进出须知

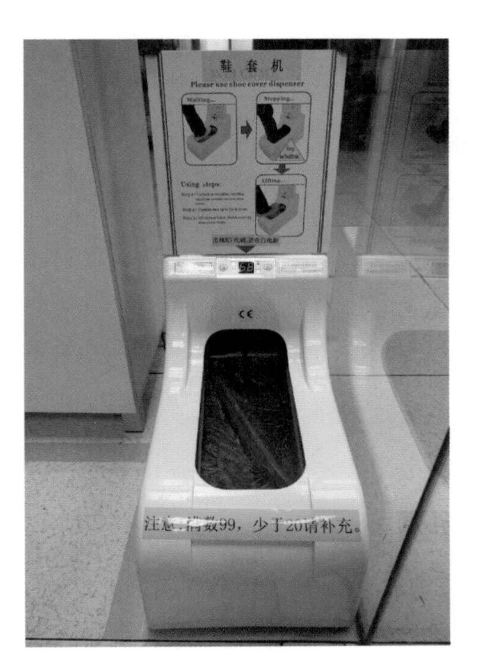

图 13.3 机房鞋套机

图 13.4　机房登记表

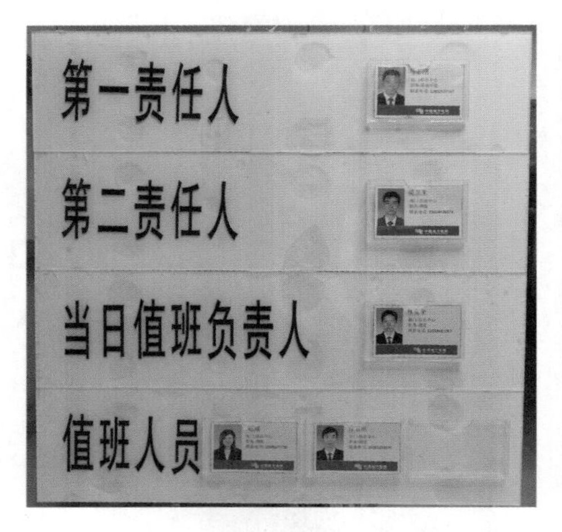

图 13.5　机房责任人牌

13.1.5　机房责任人牌

（1）机房门口显眼位置张贴机房负责人等信息，如图 13.5 所示。

（2）每日或定期跟新负责人信息，信息包括第一负责人，第二负责人，当日值班负责人以及值班人员。

（3）人员小卡片包括照片、姓名、部门、职务、联系电话等。

（4）制作方法：可用塑料板张贴，人员卡片通过亚克力卡槽显示。

13.1.6　定期清扫记录

（1）机房设置清扫记录存放处。

（2）定期对机房环境进行清扫并及时填写“机房清扫记录表”，表中的信息包括日期、作业内容、实施人、备注等，如图 13.6 所示。

（3）保持机房的干净、整洁。

（4）制作方法：纸打印出来根据内容裁剪大小插入亚克力卡槽中，张贴在机房的登记处。

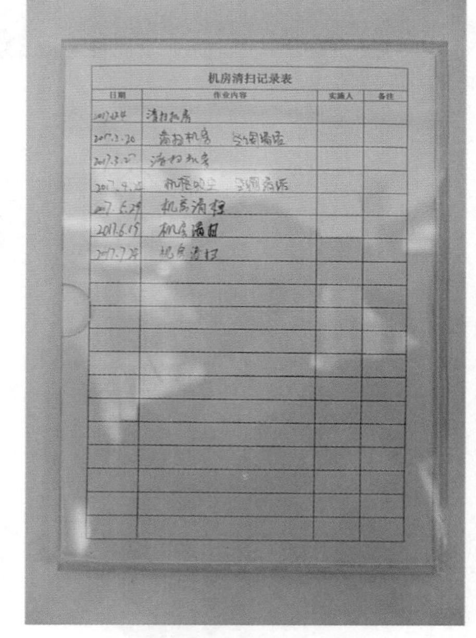

图 13.6　机房清扫记录表

13.2　机柜和布线

13.2.1　机柜信息表

（1）机柜编号并张贴号码牌，规格为 100mm×50mm。

（2）列头柜侧面张贴全列机柜信息列表，规格为 560mm×438mm；小框，如 C1，规格为 178mm×168mm，如图 13.7 所示。

（3）单张信息列表包括设备编号、管理员、设备名、IP 地址、用途等，规格为 120cm×18cm 黄色标签纸。

（4）操作完成后机柜门需要及时锁上。

（5）制作方法：号码牌、全列机柜信息列表过塑张贴；核对张贴信息与实物一一对应。

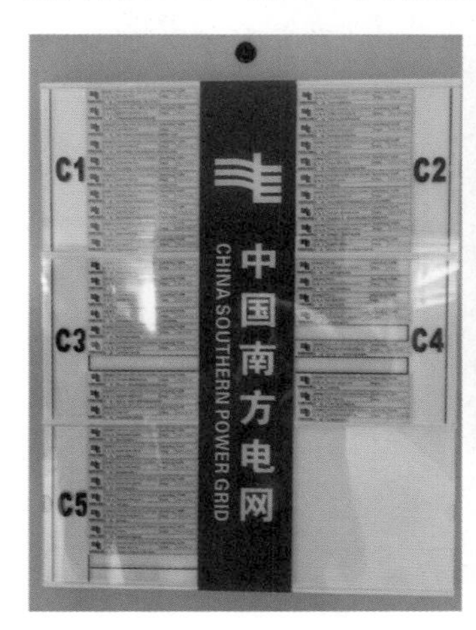

中国南方电网	设备编号		管理员	
	设 备 名		IP地址	
	用 途			

图 13.7 机柜信息表

13.2.2 机柜布线（电源、网络）

（1）将线保持固定。

（2）做好标签规范，包括设备端口、配线架端口、设备端口、另一端的设备端口、配线架端口、设备端口等，规格为 140mm×18mm。

（3）保持机柜内整洁干净，如图 13.8 所示。

图 13.8（一） 机柜布线（电源、网络）

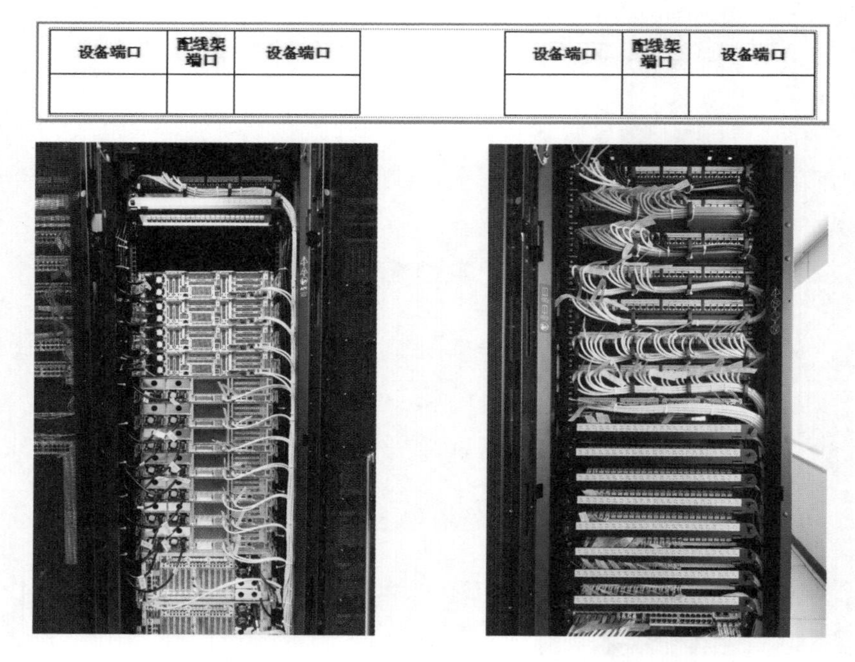

设备端口	配线架端口	设备端口

设备端口	配线架端口	设备端口

图 13.8（二） 机柜布线（电源、网络）

（4）制作方法：标签机打印标签，核对线路和标签对应关系；在每根线的相同位置贴标签，便于对比查找。

13.3 辅助设备工具

13.3.1 机房摄像头

（1）机房摄像头编号。

（2）每个摄像头需贴上资产信息，包括设备标号、设备管理员、设备名、IP 地址、用途、物理位置等，如图 13.9 所示。

（3）定期对摄像头进行清洁与维护。

（4）制作方法：打印出标签纸裁剪后张贴。

13.3.2 检修推车

（1）对检修推车进行定置管理，划定区域，分类摆放，张贴标识，如图 13.10 所示。

（2）检修推车上物品贴物品名称标签。

（3）检修推车上拉制物品定置线。

（4）线材用收纳盒管理。

（5）电源线、鼠标线、键盘线、VGA 线等用套管进行整理、捆扎及固定。

（6）检修推车编号管理，贴在手推车右侧把手上，规格为适当规格黄色标签纸。

图 13.9　机房摄像头

图 13.10　检修推车

（7）制作方法：通过黄色胶带或油漆进行定位；打印标签，张贴在小车的物品对应位置上，图中规格为 18mm 宽，可根据实际情况调整；检修推车编号管理，规格为 50mm×50mm 黄色标签纸，可根据实际需要调整。

13.4　指引

13.4.1　机房管理制度

（1）规定以及加强机房的相关现场管理。

（2）规定机房的应急维护工作。

（3）规定机房的巡检工作。

（4）制作方法：通过塑料展板张贴或通过纸打印出来张贴，如图 13.11 所示。

13.4.2　电源

（1）机房电源插座名称标识“市电插座（柜外设备使用）”，采用适当规格黄色标签，可根据实际情况贴多张，如图 13.12 所示。

（2）定期进行安全检查。

（3）制作方法：打印标签纸裁剪后张贴。

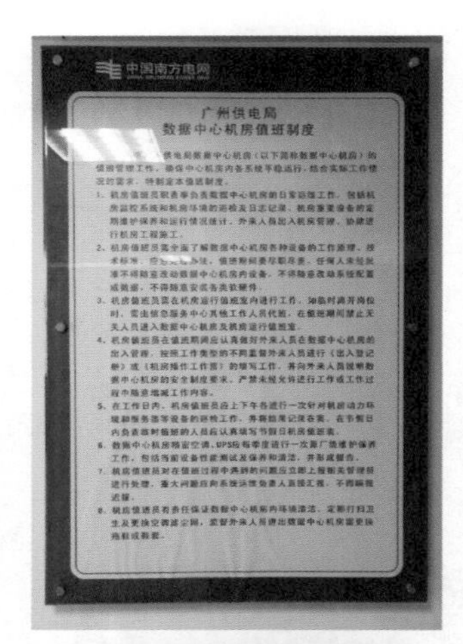

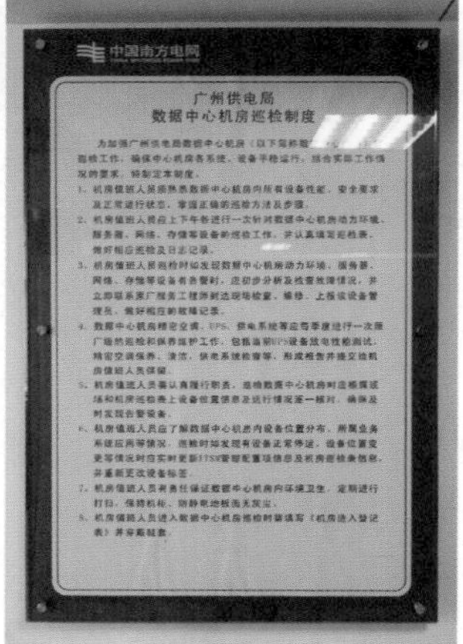

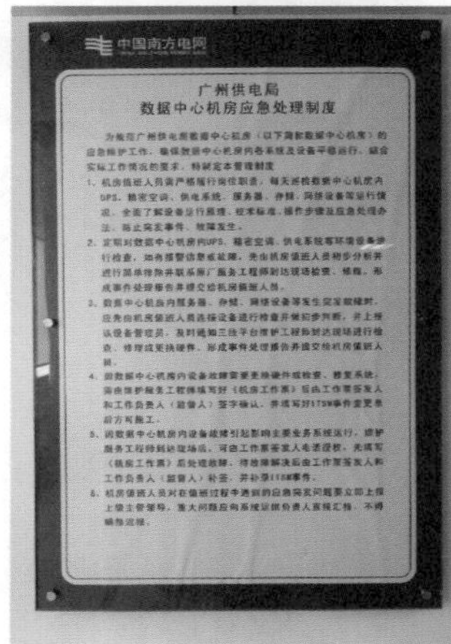

图 13.11　机房管理制度

图 13.12　机房电源插座

13.4.3 退运标识

（1）打印“故障设备”标识，装入带磁片文件盒后张贴于故障设备上，如图 13.13 所示。

（2）制作方法：A4 纸彩色打印，背面带磁片文件盒。

图 13.13 机房故障设备

13.4.4 逃生指示

（1）机房内显眼位置张贴火灾逃生警示标识“听到消防警铃后 30 秒内必须离开机房”，如图 13.14 所示。

（2）制作方法：白底红字，彩打张贴。

图 13.14 机房火灾逃生警示标识

第 14 章 培训区 7S⁺目视化标准

14.1 培训用品

（1）工器具、耗材分开放置。

（2）编制管理卡片，明确每个柜存放的物品种类、责任人及其联系方式并编写物品管理规定，如图 14.1 所示。

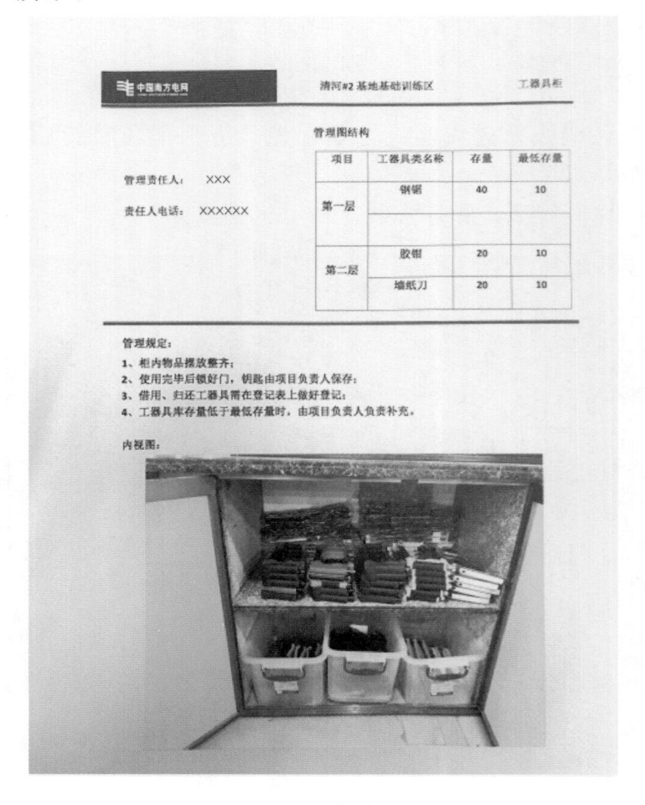

中国南方电网　清河#2 基地基础训练区　工器具柜

管理图结构

管理责任人：　XXX

责任人电话：　XXXXXX

项目	工器具类名称	存量	最低存量
第一层	钢锯	40	10
第二层	胶钳	20	10
	墙纸刀	20	10

管理规定：

1、柜内物品摆放整齐；

2、使用完毕后锁好门，钥匙由项目负责人保存；

3、借用、归还工器具需在登记表上做好登记；

4、工器具库存量低于最低存量时，由项目负责人负责补充。

内视图：

图 14.1　培训用品

（3）管理卡片上附内视图。

（4）制作方法：制作管理卡片，打印过塑后张贴于物品柜上。

14.2 指引

14.2.1 场地制度

（1）根据实际培训室内容制定培训室管理制度，如图 14.2 所示。

（2）培训室平面图、功能区划分清晰明确并配置流动水牌；培训场地设备严格按照区域图定置摆放。

（3）制作方法：流程制度上墙；用围栏或画线方式划分功能区，打印流动水牌并放置于对应区域。

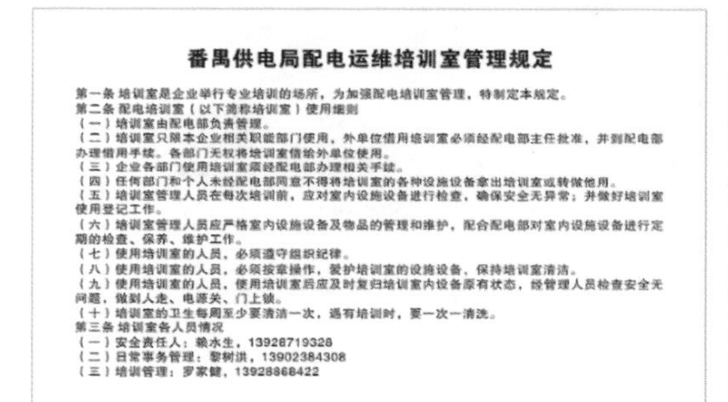

番禺供电局配电运维培训室管理规定

第一条 培训室是企业举行专业培训的场所，为加强配电培训室管理，特制定本规定。
第二条 配电培训室（以下简称培训室）使用细则
（一）培训室由配电部负责管理。
（二）培训室只限本企业相关职能部门使用，外单位借用培训室必须经配电部主任批准，并到配电部办理借用手续。各部门无权将培训室借给外单位使用。
（三）企业各部门使用培训室须经配电部办理相关手续。
（四）任何部门和个人未经配电部同意不得将培训室的各种设施设备拿出培训室或转做他用。
（五）培训室管理人员在每次培训前，应对室内设施设备进行检查，确保安全无异常；并做好培训室使用登记工作。
（六）培训室管理人员应严格室内设施设备及物品的管理和维护，配合配电部对室内设施设备进行定期的检查、保养、维护工作。
（七）使用培训室的人员，必须遵守组织纪律。
（八）使用培训室的人员，必须按章操作，爱护培训室的设施设备，保持培训室清洁。
（九）使用培训室的人员，使用培训室后应及时复归培训室内设备原有状态，经管理人员检查安全无问题，做到人走、电源关、门上锁。
（十）培训室的卫生每周至少要清洁一次，遇有培训时，要一次一清洗。
第三条 培训室各人员情况
（一）安全责任人：赖水生，13926719328
（二）日常事务管理：黎树洪，13902384308
（三）培训管理：罗家健，13928868422

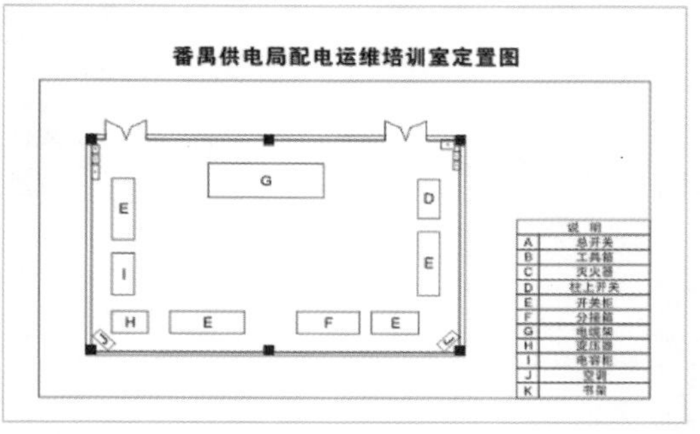

图 14.2 场地制度

14.2.2 操作指引

（1）操作指引根据具体培训设备编制，语言简洁、图文并茂，如图 14.3 所示。

（2）根据就近原则，把操作指引张贴或放置于靠近对应设备的附近。

（3）制作方法：制作图片化培训手册后过塑或做成看板放置于设备附近。

图 14.3　操作指引

14.2.3　案例展示

（1）案例作品需有正确和错误操作效果对比，如图 14.4 所示。

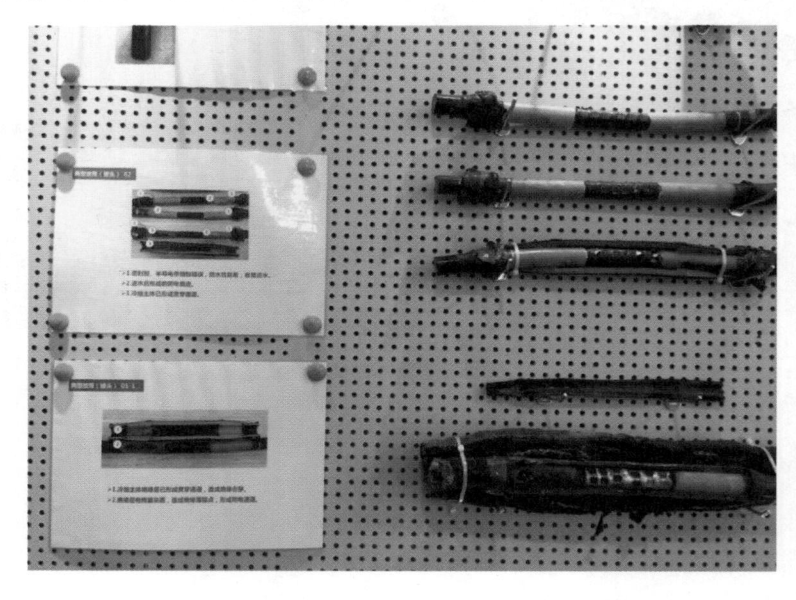

图 14.4　案例展示

（2）在图上标示错误点并分析错误操作的原因及造成的后果。

（3）制作方法：采用实际培训和生产中的错误样品进行上墙，用 Word 对图片进行错误案例分析后打印过塑。

14.2.4 其他看板

（1）看板涵盖培训内容和任务以及现阶段的培训进度，如图 14.5 所示。

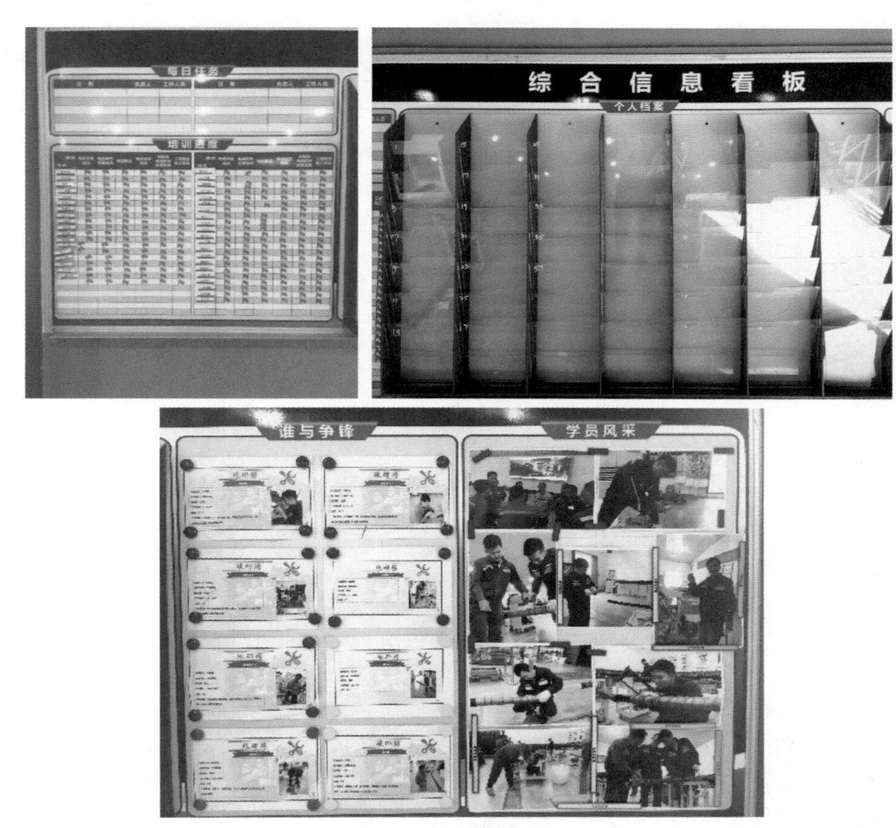

图 14.5 其他看板

（2）设置学员个人档案存放区域。

（3）培训情况展示区。

（4）制作方法：整体看板采用黑底可移背胶，户外防水油墨喷绘。个人档案采用亚克力插框。具体表格内容根据实际情况绘制。

第 15 章 食堂区 $7S^+$ 目视化标准

15.1 餐厅

15.1.1 餐厅椅

（1）整齐摆放餐桌椅，并进行统一定置管理，标识清晰，如图 15.1 所示。

图 15.1 餐桌椅摆放

（2）餐桌上的物品如调味品整齐摆放。

（3）制作方法：四角定位，材质为防水耐磨荧光膜。

15.1.2 餐台柜

（1）餐台柜摆放处地面制作定置存放区域线。

（2）餐台柜进行功能划分，按照存放物品进行分类定置。

（3）在餐台柜的左上角粘贴标识，如图 15.2 所示。

（4）制作方法：彩色打印纸按 50mm×25mm 规格尺寸打印，裁剪后过塑张贴。

图 15.2 餐台柜

15.1.3 垃圾分类

（1）将食堂垃圾桶分为“餐厨垃圾桶”“生活垃圾桶”“废弃油脂回收桶”三个类别，固定存放，并制作标识，如图 15.3 所示。

（2）食堂垃圾按照性质进行分类放置。

（3）制作方法：材质为防水即时贴，规格为 300mm×150mm，裁剪后张贴。

图 15.3 垃圾分类桶

15.1.4 宣传栏

（1）在餐厅设置宣传栏，如图 15.4 所示。

（2）宣传栏包含健康膳食、创新菜式、本周菜谱等内容。

（3）在餐厅墙面进行粘贴或制作。

（4）制作方法：材质为高清晰即时贴喷绘，规格根据餐厅墙面大小定制张贴。

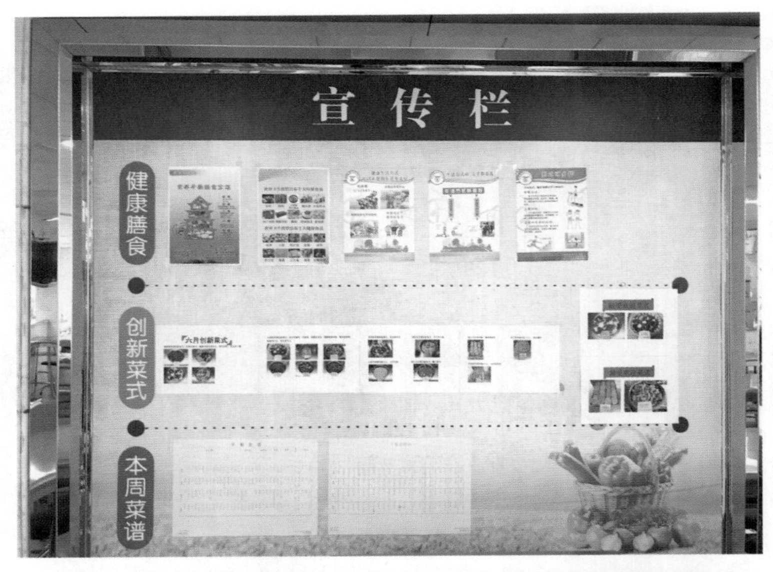

图 15.4　宣传栏

15.2　加工操作区

15.2.1　食品加工设备

食品加工设备如图 15.5 所示。

(1) 食堂加工设备存放处地面制作定置存放区域线。

(2) 食堂加工设备有名称标识牌、操作指引、风险提示，明确责任人及联系方式。

(3) 对于发热设备有“小心烫伤”警示标识，紫外线灯有“小心辐射”等警示标识。

（4）制作方法：“小心烫伤”“小心辐射”等警示标识牌使用304＃1.0不锈钢腐蚀上色（黄色）制作，规格为100mm×50mm；设备责任人及联系方式使用Word格式打印纸，规格大小为85mm×55mm，过塑粘贴于设备上；设备名称标识牌采用2＋1亚克力丝印制作，规格为180mm×100mm，粘贴于设备上方；设备操作指引使用Word格式打印纸，规格为A4纸大小，过塑粘贴于设备上方的墙面；风险提示采用304＃1.0不锈钢腐蚀上色（银白色）制作，规格为A4纸大小，粘贴于设备上方墙面。

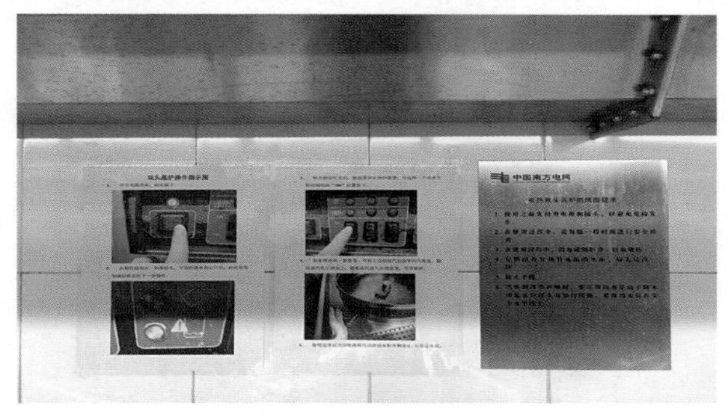

图15.5 食品加工设备

15.2.2 冰箱

（1）冰箱分为“生品冰箱”“半成品冰箱”“成品冰箱”“留样冰箱”四类。

（2）冰箱设置名称标识牌，如图15.6所示。

（3）冰箱设置合理温度区指示牌，根据冷藏、冷冻、保鲜实际使用需要设置温度区间范围。

（4）冰箱设置存放物资分类标识。

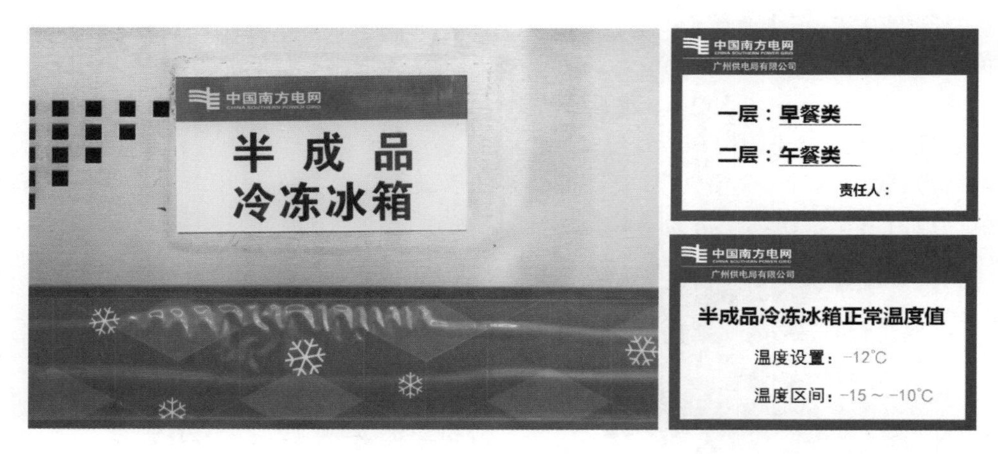

图 15.6　冰箱

（5）制作方法：冰箱名称标识牌采用 2＋1 亚克力丝印制作，规格为 180mm×100mm，粘贴于冰箱上方；冰箱存放物资分类标识使用 Word 格式打印纸，规格大小为 85mm×55mm，过塑粘贴于设备上。

15.2.3　消毒柜

（1）消毒柜设置名称标识牌，如图 15.7 所示。

（2）消毒柜设置风险提示。

（3）消毒后的餐用具应贮存在消毒柜内备用。

（4）制作方法：消毒柜名称标识牌采用 2＋1 亚克力丝印制作，规格为 180mm×

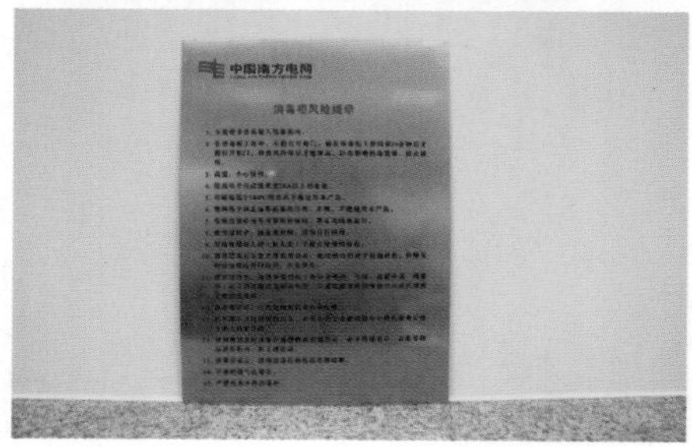

图 15.7　消毒柜

100mm，粘贴于消毒柜上方；风险提示采用 304＃1.0 不锈钢腐蚀上色（银白色）制作，规格为 A4 纸大小，粘贴于设备上方。

15.2.4 容器具

（1）容器具定置存放于台架上，如图 15.8 所示。

（2）用于原料、半成品、成品的工具和容器，应分开摆放和使用并有明显的区分标识。

（3）设置容器具分类使用指引。

（4）制作方法：容器具名称标识用彩色纸打印过塑粘贴于层架上，规格为 50mm×25mm；分类使用指引用 A4 纸打印过塑粘贴。

15.2.5 切配用具

（1）切配用具定置存放于刀具架内。

（2）切配动物性食品、植物性食品、水产品、熟食类食品的工具和容器，应分开摆放和使用，并有明显的区分标识，如图 15.9 所示。

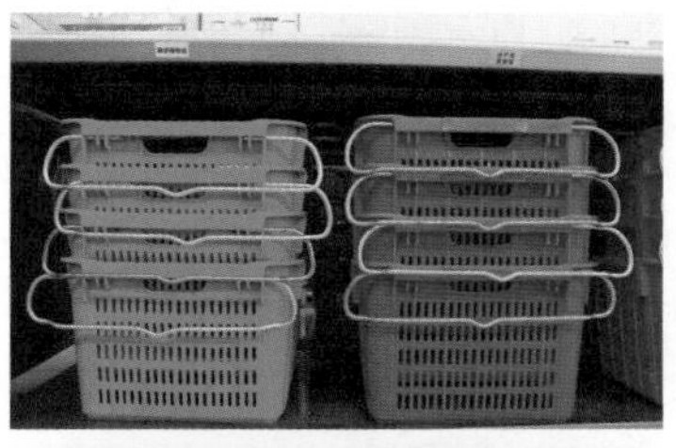

图 15.8 容器具

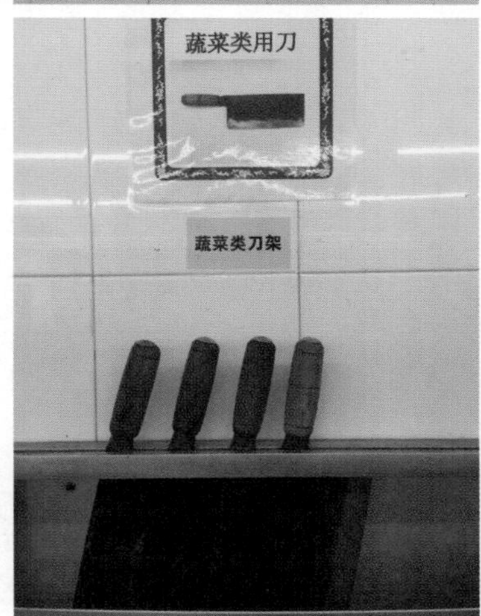

图 15.9 切配用具

（3）设置切配用具分类使用指引。

（4）制作方法：切配用具名称标识用彩色纸打印过塑粘贴于刀具架上，规格为 100mm×50mm；分类使用指引用 A4 纸打印过塑粘贴。

15.2.6　水池

（1）水池设置名称标识标明其用途，如图 15.10 所示。

（2）水池分类使用：粗加工间内应分别设置动物性食品、植物性食品和水产品的清洗水池；洗消间内采用化学消毒的餐用具清洗水池，至少设有 3 个专用水池（洗、消、冲），采用人工清洗热力消毒的，至少设有 2 个专用水池（洗、冲）。

（3）制作方法：名称标识牌采用 2＋1 亚克力丝印制作，规格为 180mm×100mm，粘贴于水池上方。

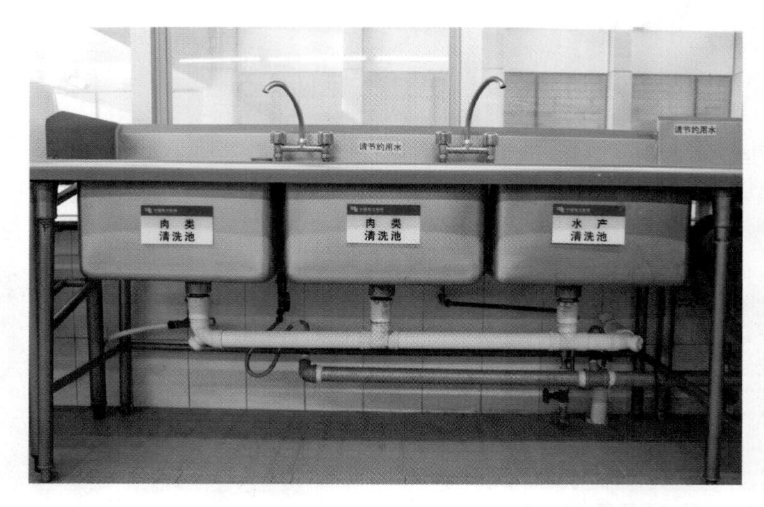

图 15.10　水池

15.2.7　管道

1. 水管

（1）对食堂的自来水管道及水流方向进行标识，如图 15.11 所示。

图 15.11　水管

（2）对热水管道粘贴“小心烫伤”警示标识。

（3）制作方法：使用耐高温胶带印刷制作，横向粘贴在水管上，规格大小为200mm×20mm。

2. 燃气管道

（1）燃气管道设置标识，如图15.12所示。

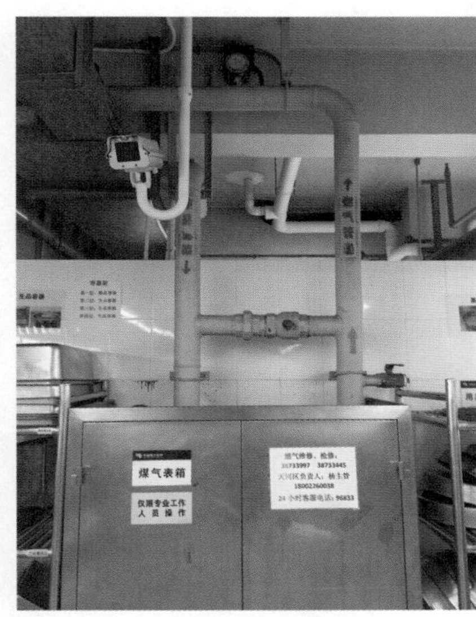

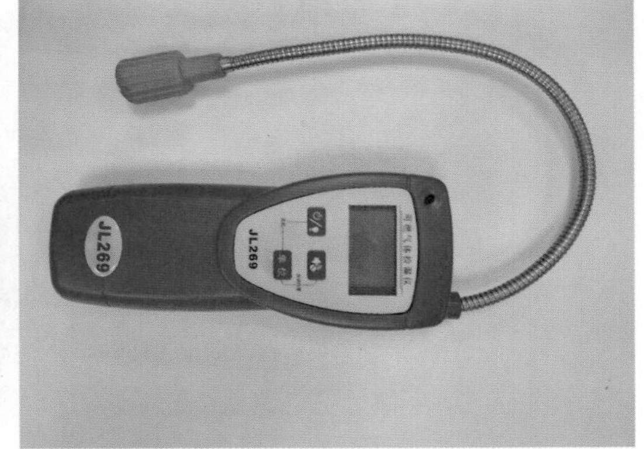

图15.12 燃气管道

（2）设置责任人及联系方式。

（3）食堂用气场所应按照有关规定安装可燃气体浓度报警装置，及须配备干粉灭火器等消防器材。

（4）设置燃气开关（或阀门）开启、闭合状态标识以及供气方向标识。

（5）制作方法：燃气管道使用黄色油漆刷漆，“燃气管道”字样及供气方向指示箭头使用红色油漆喷印；责任人及联系方式标识使用Word格式打印纸过塑粘贴，规格为85mm×55mm。

15.2.8 劳保用品

（1）食堂设置一次性口罩、一次性手套、帽子、橡胶手套、防烫手套等劳动保护用品，如图 15.13 所示。

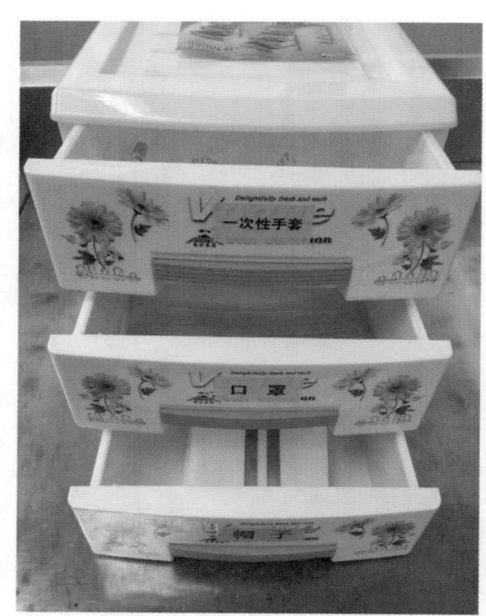

图 15.13 劳保用品

（2）各类劳保用品分类固定存放并标识。

（3）制作方法：Word 格式打印纸过塑后粘贴，规格为 50mm×25mm。

15.2.9 清洁用具

（1）清洁用具按照使用功能分类定置存放，如图 15.14 所示。

（2）定置粘贴标识在用具架上，分类标识粘贴于用具架上方墙面。

（3）制作方法：定置标识用 Word 格式打印纸过塑粘贴，规格为 50mm×25mm；分类标识 Word 格式打印纸过塑粘贴，规格为 A4 纸大小。

图 15.14 清洁用具

15.3 食材仓库

15.3.1 米、面、油区

（1）米、面、油存放处地面制作定置存放区域线。

（2）米、面、油分类离墙离地，使用 10cm 不锈钢地架定置存放。

（3）按照标识牌整齐摆放，如图 15.15 所示。

图 15.15 米、面、油区

（4）制作方法：分类标识牌采用 2＋1 亚克力丝印制作，规格为 180mm×100mm，粘贴于食材上方墙面。

15.3.2　干货区

干货区如图 15.16 所示。

（1）干货区货架存放处地面制作定置存放区域线。

（2）干货用透明有盖容器盛装分类存放于货架并标识食材名称、购入时间、保质期。

（3）货架有分类分层标识和承重标识。

（4）制作方法：食材名称标识采用彩纸 Word 格式打印纸过塑粘贴，规格为 50mm×25mm；货架分层标识采用 2＋1 亚克力丝印制作，规格为 450mm×250mm；承重标识采用 2＋1 亚克力丝印制作，规格为 200mm×80mm。

图 15.16　干货区

15.3.3　调配料区

（1）调配料区货架存放处地面制作定置存放区域线。

（2）调配料分类存放于货架并标识食材名称，如图 15.17 所示。

（3）出库时先进先出，针对即将过期的调配料设置优先使用物料区。

（4）货架有分类分层标识和承重标识。

（5）制作方法：调配料名称标识用彩纸 Word 格式打印纸过塑粘贴，规格为 50mm×25mm；货架分层标识采用 2+1 亚克力丝印制作，规格为 450mm×250mm；承重标识采用 2+1 亚克力丝印制作，规格为 200mm×80mm。

图 15.17　调配料区

第16章 $7S^+$现场管理推行指导意见

为指导供电企业 $7S^+$ 现场管理推行工作开展，实现生产、办公等场所 $7S^+$ 管理的有效推进，特制定本指导意见。

16.1 推行思路

按照“样板先行、提炼标准，分批建设、全面推广”的路径，选择试点单位先行打造首批样板区，总结经验，形成标准。其他单位参照标准，通过本单位样板区打造，积累经验，培养人才，逐步在全公司（局）范围推广 $7S^+$ 现场管理。

16.2 推行原则

16.2.1 样板先行

采用“单位自荐＋部门推荐”两种渠道，统筹考虑不同类型、典型突出的办公场所（如营业厅、班房）、生产场所（如配电房、电缆隧道）两类区域，优先选取积极性高、有一定条件的区域打造样板区。

16.2.2 分批建设

以十二周（3个月）为一个建设周期，确定分批建设名单。

16.2.3 集中评优

每年统一组织开展 $7S^+$ 样板区综合评比，对于建设情况优秀并形成维持机制的样板区，授予“金牌样板区”称号，给予奖励与绩效加分。

16.3 职责分工

16.3.1 精益办

（1）统筹推进 $7S^+$ 建设，建立 $7S^+$ 推行相关配套管理机制。

（2）对各专业部门、基层单位的 $7S^+$ 建设提供指导与支持。

（3）做好全局进度管控，组织跨专业交流和问题协调。

（4）组织或参与各专业、各单位的 $7S^+$ 建设验收，审核及统一管理各专业 $7S^+$ 相关技术标准。

（5）组织局层面 $7S^+$ 建设成果评比表彰和考核激励。

16.3.2 专业部门

（1）按照局 $7S^+$ 建设总体部署，协调资源，推动本专业相关区域的 $7S^+$ 建设。

（2）组织或参与各专业、各单位的 $7S^+$ 建设验收。提出专业整改意见，协调解决本专业各领域的建设问题。

（3）制定本领域 $7S^+$ 相关技术标准。

16.3.3 基层单位

（1）按照局 $7S^+$ 建设总体部署，推动本单位相关区域与班站所 $7S^+$ 建设。

（2）明确本单位建设区域，完成人员、计划、物资和场地准备。

（3）做好进度管控，接受局精益办和相关专业部门的督导并落实整改。

（4）配合专业部门做好相关专业 $7S^+$ 手册的修订，固化建设成果，做好持续整改。

16.4 建设步骤

以十二周（3 个月）为一个周期，分为准备、实施、检查和总结四个阶段，按“十步走”实施 $7S^+$ 建设。

16.4.1 准备阶段

准备阶段的目的是做好开展 $7S^+$ 建设的各项准备工作，包括对标学习、成立团队、培训诊断三个步骤。

1. 对标学习

建设单位组织管理人员参观学习外部优秀企业、内部优秀样板区的 7S 管理经验，并自主学习 $7S^+$ 相关理论知识，使各级管理人员、特别是中高层管理人员对 $7S^+$ 管理有感官认识，同时了解 $7S^+$ 的含义、内容和作用。

2. 成立团队

（1）建设单位应明确 $7S^+$ 管理的一个推行团队和若干实施团队。推行团队主要负责自上而下的推动、管控和督导本单位 7S+ 建设整体进展，协调相关资源，组长应由各单位主要负责人或负责人担任。实施团队主要负责单位各区域 7S+ 的具体实施，组长应由开展建设的具体部门、班站所主要负责人或负责人担任。

（2）相关专业部门明确本领域 7S+ 管理督导组，主要负责管控本领域 7S+ 建设的进度，指导样板区建设，管理本领域 7S+ 技术标准。

3. 培训诊断

（1）建设单位应组织推行团队、实施团队全员开展 7S+ 知识培训，讲师可由专业咨询顾问或有丰富经验的样板区推行人员担任。培训结束后，对建设区域进行现场诊断。

（2）建设单位推行团队于诊断结束后，制定 7S+ 推进计划书（附录 1）报专业部门和局精益办备案。推进计划书应明确单位推行 7S+ 管理的整体部署，至少包括前 4S（整理、整顿、清扫、清洁）各个环节的完成时间、物资保障机制、推进协调机制、检查督导机制、验收评价机制、宣传培训计划等。

16.4.2 实施阶段

实施阶段目的是建设单位按计划完成 7S+ 建设，包括试工作动员、分批打造两个步骤。

1. 工作动员

（1）建设单位主要负责人应对推行团队和实施团队进行工作动员，宣贯推行计划和要求，可将相关口号或标语上墙。

（2）建设单位可组织对本单位设立的样板区授建设牌或签署责任状，进一步提高建设动员的仪式感。

2. 分批打造

（1）建设单位按照 3 个月完成一批的推行计划，对照 7S+ 手册开展建设。原则上每批建设的第 1 个月应完成工作筹备和前 3S 的改善，第 2～3 月通过实施清洁，完善并巩固前 3S 成果，形成常态化维持机制。

（2）建设单位可根据推行计划，要求区域的实施团队细化制订区域实施计划，明确 7S+ 各环节的具体任务、物资需求、完成时间和责任人。

（3）每批区域的整理、整顿、清扫环节工作完成后，建设单位应编制阶段总结，阶段总结以文字和图片的形式报告完成情况，明确下一个环节的计划，报至专业部门和精益办。

16.4.3 检查阶段

检查阶段主要目的是做好区域建设过程的管控，确保建设单位按要求、按计划完成建设。包括过程督导、验收评价两个步骤。

1. 过程督导

（1）局精益办、专业部门、建设单位应分层、分级做好全过程的督导工作。

（2）建设单位应明确督导人员，根据推行计划书（附录 A）与区域实施计划书（附录 B），对建设的区域或班站所进行现场检查督导，确保整体建设工作按计划推进。

（3）各部门按照建设单位推行计划书，定期督导检查各样板区及四星班站所建设情况，对非样板区进行不定期的抽查。

（4）局精益办不定期组织对建设单位的抽检，组织专业部门对督导情况进行汇报，并对前期准备欠佳、实施进度滞后、过程检查不力的单位和部门进行必要通报。

（5）对于完成整理、整顿、清扫工作的建设区域，各级督导组可采用“红牌作战法”等工具进行督导管理。

2. 验收评价

（1）局精益办、专业部门应组织做好样板区的验收评价，验收分为过程验收和竣工验收。

（2）样板区过程验收由各专业部门发起和组织，可针对 $7S^+$ 建设的 1 个或多个环节举办多次过程验收，原则上对每批样板区至少开展 1 次过程验收。

（3）样板区竣工验收由精益办发起，组织各专业成立验收组，在每批建设的第 3 个月月底前进行竣工验收。

（4）验收组应在验收开始前，制定验收规则和评价表，可根据《样板区竣工验收评价表》（附录 C）、对照对应区域的 $7S^+$ 现场管理目视化标准细化制定。

（5）样板区验收完成后，验收组应编制印发验收报告，竣工验收后应同步印发通过验收的区域名单，作为年内考核评估的参考依据。

（6）其他班站所的验收由各单位参考样板区验收方式自行组织。相关验收表应根据 $7S^+$ 手册细化制定，验收通过名单应在验收后，发文并抄送专业指导部门和局精益办。

16.4.4 总结阶段

总结阶段的主要目的是对改善成果形成标准或制度固化，并进行表彰和激励。包括固化成果、建立 $7S^+$ 人才队伍和评比表彰三个步骤。

1. 固化成果

（1）每批 $7S^+$ 区域建设完成后，应按照“提炼标准、完善机制、持续改善、精益求精”的思路，固化成果，并继续推动 $7S^+$ 各区域的持续改善。

（2）建设单位应建立并持续完善本单位 $7S^+$ 维持管理机制，推动本单位各区域、班站所持续改善、精益求精。

（3）各部门应及时提炼 $7S^+$ 建设的相关目视化标准，巩固建设成果。

（4）局精益办应组织建立并完善全局 $7S^+$ 管理推行机制，审核、汇编 $7S^+$ 现场管理目视化手册。

2. 建设 $7S^+$ 人才队伍

（1）建设过程中，建设单位应重视培育 $7S^+$ 人才队伍。

（2）每批建设完成后，建设单位应从团队中着重培养 1～2 名 $7S^+$ 建设骨干，负责对本单位后续建设提供推行管理、现场督导支持。

（3）局精益办、各专业部门通过搭建平台，如举办 $7S^+$ 相关竞赛、组织交叉验收、外出对标交流等方式，指导和支持各单位 $7S^+$ 人才队伍的建设。

3. 评比表彰

（1）每批建设完成后，局精益办组织对样板区授予“7S$^+$样板示范区”称号。

（2）局精益办每年组织各专业进行 1～2 次选拔，综合考虑样板区的建设难度和 7S$^+$实施情况、推广性、创新性、文化氛围等因素，对本年度 7S$^+$样板示范区优中选优，授予“7S$^+$金牌样板区”称号。

（3）获得“7S$^+$样板示范区”“7S$^+$金牌样板区”的单位和相关牵头部门分别给予奖励与绩效加分。

附录 A 建设单位 $7S^{+}$ 推行计划书（参考模板）

××单位 $7S^{+}$ 推行计划书

由建设单位于现场诊断培训后制定，送至专业部门和局精益办，至少包括以下内容。

序号	工作步骤	具体工作内容	必要交付物	计划完成日期	负责人
1	对标学习		宣传报道		
2					
3					
4	成立团队		推行团队名单 实施团队名单		
5					
6	现场诊断和培训		推行计划书		
7					
8	誓师动员		宣传报道		
9					
10	整理		阶段报告		
11					
12	物资保障机制和准备		物资需求申报		
13					
14	整顿		阶段报告		
15					
16	清扫		阶段报告		
17					
18	清洁		阶段报告		
19					
20	素养		阶段报告		
21					
22	过程督导机制				
23					
24	宣传机制				
25					
26	过程辅导安排				
27					
28	……				
29					

附录 B 班站所/区域 7S⁺ 实施计划书（参考模板）

××班站所/区域 7S⁺ 实施计划书					
由建设单位组织班站所填写和自行管理，为确保实施质量，建议计划每 1～3 天更新一次。					
序号	工作步骤	具体工作内容	必要交付物	计划完成日期	负责人
1	整理		阶段报告		
2					
3	物资采购		物资需求申报		
4					
5	整顿		阶段报告		
6					
7	清扫		阶段报告		
8					
9	清洁		阶段报告		
10					
11	素养		阶段报告		
12					
13	安全、节约、服务				
14					
15	……				

附录C 样板区竣工验收评价表（参考模板）

样板区竣工验收评分表（满分 100 分）					
验收对象					
阶段	序号	名　称	内　　容	评分	问题备注
组织项评价 15 分——评分基准详见内容					
准备工作	1	成立团队（5 分）	有成立改善团队（区域大部分人员参与得 5 分，半数参与 3 分，只有个别人参与得 0 分，其余酌情给分）		
	2	制定建设计划并落实（5 分）	是否有改善计划，明确相关负责人（计划详细、内容具体可行且落实得 5 分，没有计划 0 分，其余酌情给分）		
	3	内部理念宣贯（5 分）	改善全员是否清楚样板区 $7S^{+}$ 实施目的和方法（团队全员清楚得 5 分，大部分人员都不清楚得 0 分，其余酌情给分）		
基础项评价 75 分——每项分值详见内容，按不同进度进行评价 评分基准参考：进度 100%满分，进度 20%以下 0 分，其余酌情给分					
整理	4	工作区整理（10 分）	对必要物品和不必要物品标准清晰、整理充分，工作区不存在非必要物、废弃物，也不存在必要物缺失导致效率下降		
	5	张贴物整理（5 分）	所有贴物和挂物都以整齐、干净的方式张贴，无过期、破损或污染的通告张贴		
	6	通道状况（3 分）	通道或走道畅通无阻，没有不必要的物品堆放，如安全通道、消防设施、闭门线内等		
	7	无过量物堆积（2 分）	区域内只有现时生产、工作所需要的材料、工作用品、用具等		

续表

阶段	序号	名　称	内　　容	评分	问题备注
整顿	8	区域划分 （5分）	样板区不同功能片区划分合理清晰，有必要的标识、画线、区域功能说明或指引		
	9	物品定置 （10分）	必要物品（设备设施、桌椅柜架、文件资料、物料物资、工器具等）合理定位、分类摆放、标识明确，定置物品移走后容易归位		
	10	物品管理 （5分）	物品（文件资料、物料物资、工器具等）存地存量与标识对应、查取快捷、动态管理清晰，物料物资、办公耗材等有定量管理和提示		
	11	管线布置 （5分）	区域无废弃的线、缆、管道，设备设施的线、缆、管道标识清晰、对应正确，电源线、数据线、网线等合理布线、集束整理		
	12	操作指引 （5分）	相关设备、开关、配电箱等有必要的操作指示，且直观、清晰、准确，易于使用人员理解		
	13	警示提示 （3分）	对危险点、隐患点、异常物设置必要的警示，对部分设施的使用设有必要的温馨提示，如防烫、防滑、节约用水用电等		
	14	目视化程度 （10分）	对区域利用目视化管理（如看板管理、色彩使用、形迹管理等）提高工作效率进行整体评价。目视化管理三级水准参考如下： 初级——明白处于什么状态； 中级——判断是否正常； 高级——知道后续如何操作		
清扫	15	环境清扫 （5分）	区域环境干净、整洁、美观，包括地面、墙壁、天花板、门窗、通道等无破损、脏污		
	16	物品清扫 （5分）	区域内物品（设备设施、桌椅、盆栽、看板等）干净、整洁、无污染源；设备、消防设施等保养完好，无掉漆、跑冒滴漏现象		
	17	清扫记录 （2分）	区域、设备等清扫应明确责任人和清扫记录，如备有清扫点检表等		
提高项评价10分——加分基准详见内容					
清洁	18	形成有效的维持机制，用清楚、简洁、美观的目视化形式呈现，验收人员酌情加分（最高2分）			
素养	19	样板区介绍，验收人员对区域人员的精益素养进行评估后，酌情加分（最高2分）			
安全	20	样板区介绍，验收人员对区域的安全管理进行评估，酌情加分（最高2分）			
节约	21	样板区介绍，验收人员对现场管理的资源节约情况进行评估，酌情加分（最高2分）			
服务	22	样板区介绍，验收人员对样板区日常工作的服务质量进行评估，酌情加分（最高2分）			
总　　分					
验收人签名		年　　月　　日			

附录 D 看板设计作品

在供电企业，管理看板是现场进行目视化管理的重要手段。现场人员借助目视管理看板，运用形象直观、色彩适宜的视觉感知信息，让生产人员高效有序地组织、管理和改善现场工作，让管理人员一目了然地及时发现异动和存在问题，实现“用眼睛来管理”。

对此，广州供电局通过开展班组管理看板设计大赛，鼓励全局干部员工进一步探索 $7S^+$ 现场目视化管理，提高对风险和异常的及时感知。图 D.1～图 D.12 为选取部分由员工自主设计的管理看板作品，供大家学习交流。

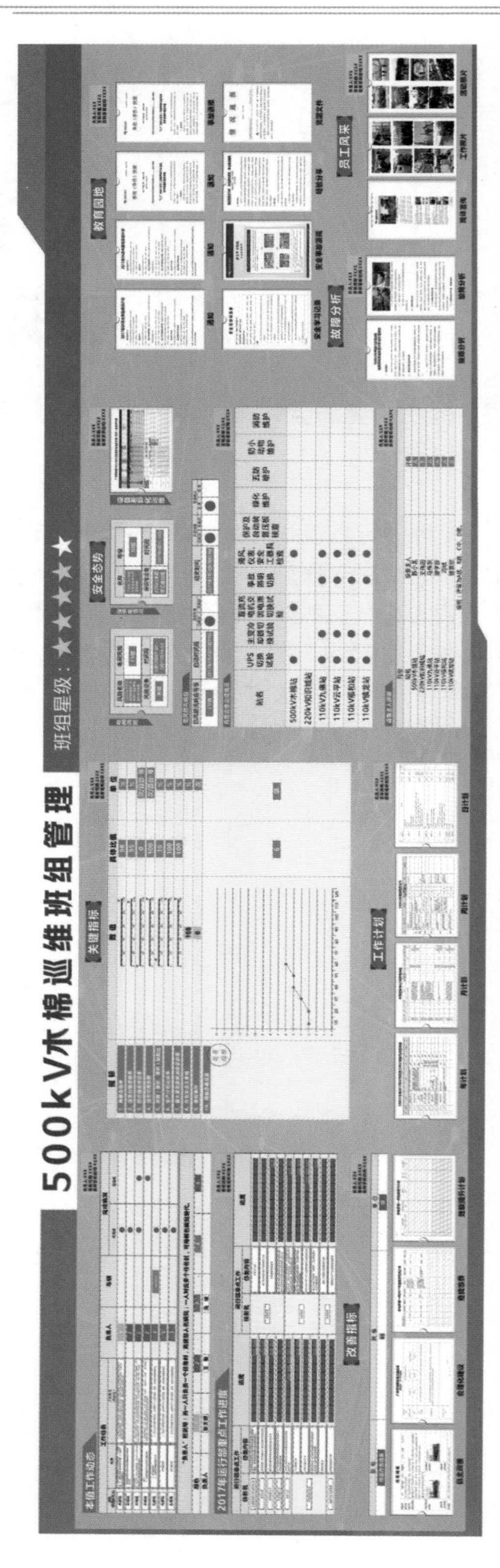

图 D.1　班组管理看板（设计单位：广州供电局变电管理一所）

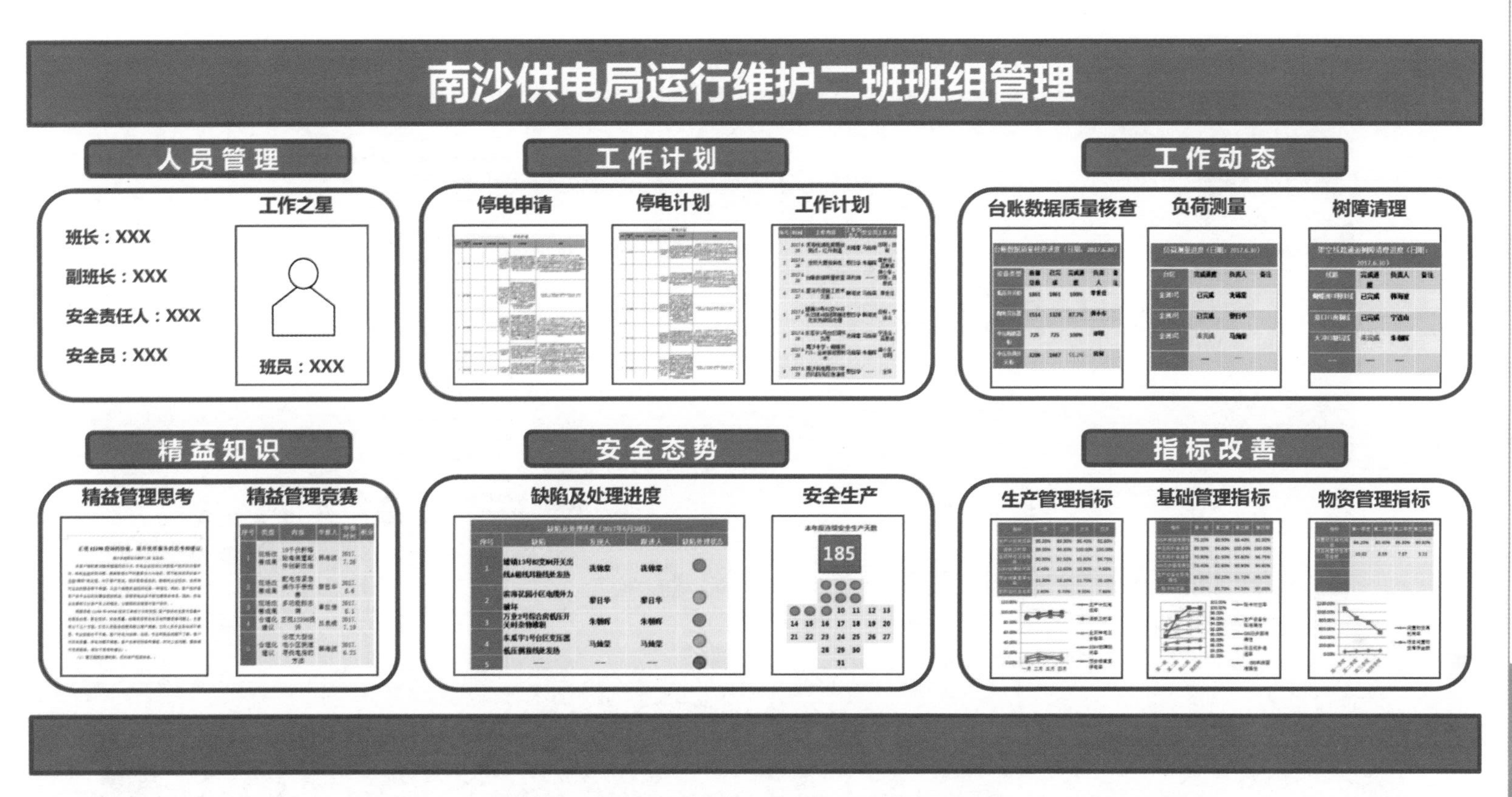

图 D.2　班组管理看板（设计单位：广州南沙供电局）

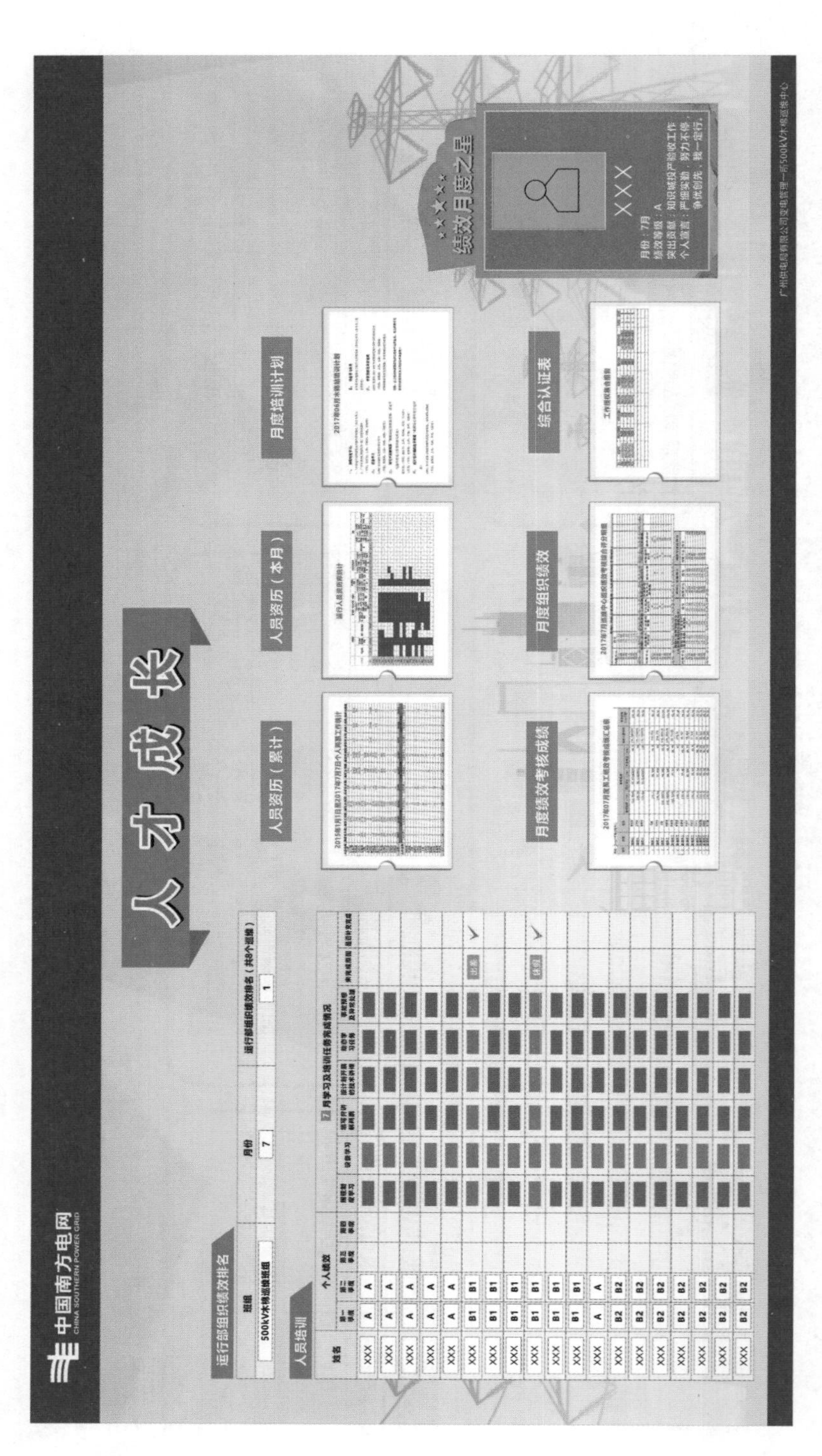

图D.3 人员管理看板（设计单位：广州供电局变电管理一所）

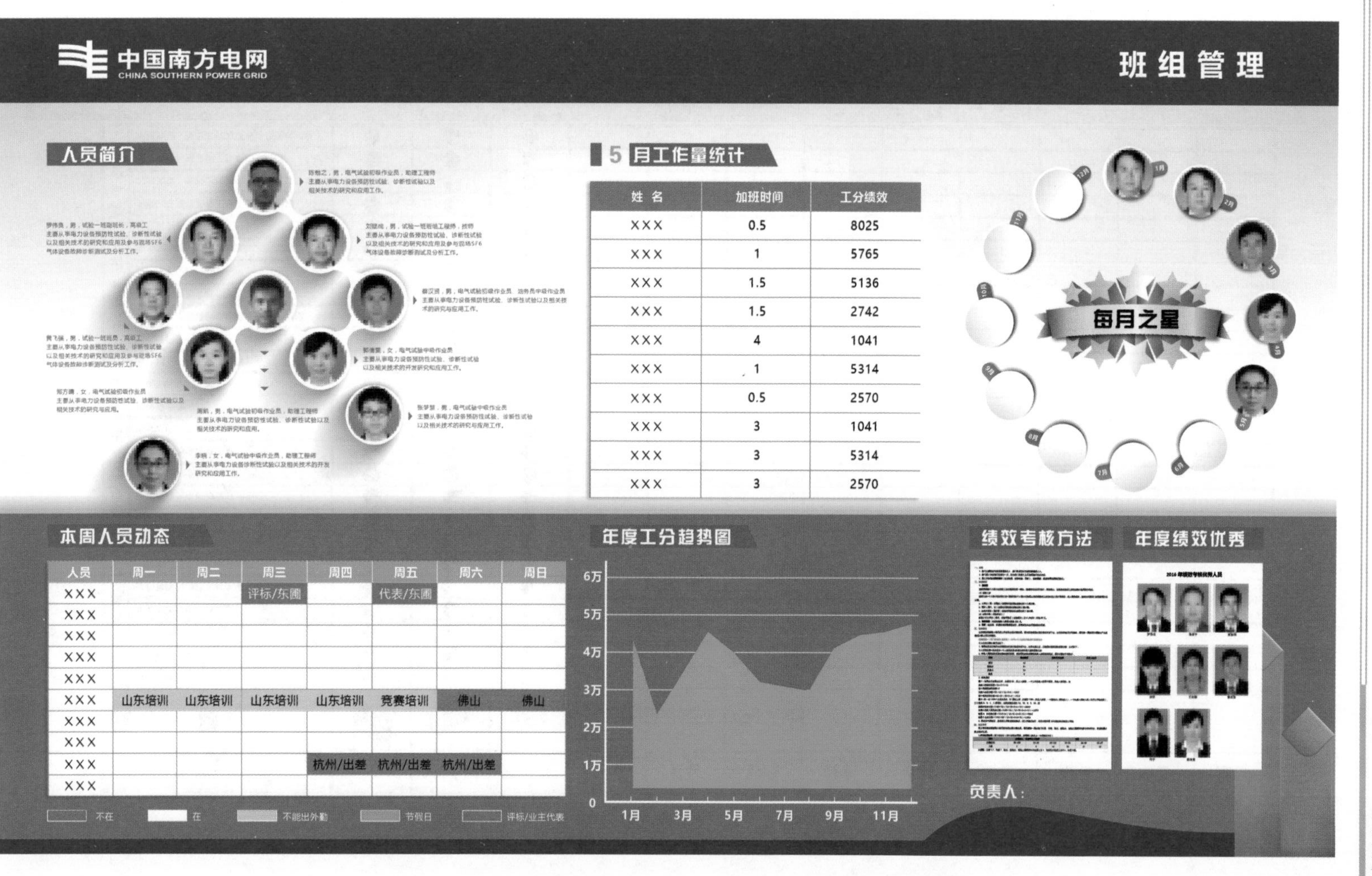

图 D.4 人员管理看板（设计单位：广州供电局电力试验研究院）

变电站员工技能水平评价看板

技能 \ 人员		XXX	XXX	XXX	……	姓名	姓名	姓名	姓名	姓名	姓名	姓名	姓名
运行监视	监盘要求（有人值班）	●	◑	◑									
	监盘要求（通讯中断）	◕	◕	◕									
	异常信息到位闭环要求	◑	◑	◑									
	东方挂摘牌操作及要求	◔	◕	◑									
	缺陷等级判定及汇报要求	◕	◑	◕									
巡视维护	日常巡视及差异化运维要求。	●	◕	◕									
	缺陷记录、跟踪、闭环流程。	◕	◑	◑									
	特殊巡视启动及要求	●	◑	●									
	各类切换类维护及原理	◕	◕	◕									
	消防系统的维护	●	●	●									
倒闸操作	操作票执行各环节及要求	◕	◕	◑									
	220kV 及以下电压等级操作	●	◑	●									
	旁代路操作	◕	◕	◕									
	500kV 电压等级操作	●	●	◕									
	操作过程中异常情况处理。	●	◕	◑									
事故处理	事故处理的到位标准及汇报流程。	◕	●	◑									
	保护、自动装置的动作原理及保护范围	●	◑	◑									
	单一保护或开关动作事故跳闸处理	●	◕	◔									
	复杂事故处理	●	◑	◕									
	熟悉各种异常的处理方法。	●	◑	◔									
安全管控	事故案例分析	◕	◔	◕									
	月度、季度维护类工作票的办理流程。	●	◕	◑									
	刀闸 B 修、保护定检安全设施的独立布置	◔	◔	●									
	设备大修、技改的工作票组织措施	●	●	◕									
	审核大修，技改工作方案等进站工作材料	●	◕	●									

图 D.5　人员管理看板（设计单位：广州供电局变电管理一所）

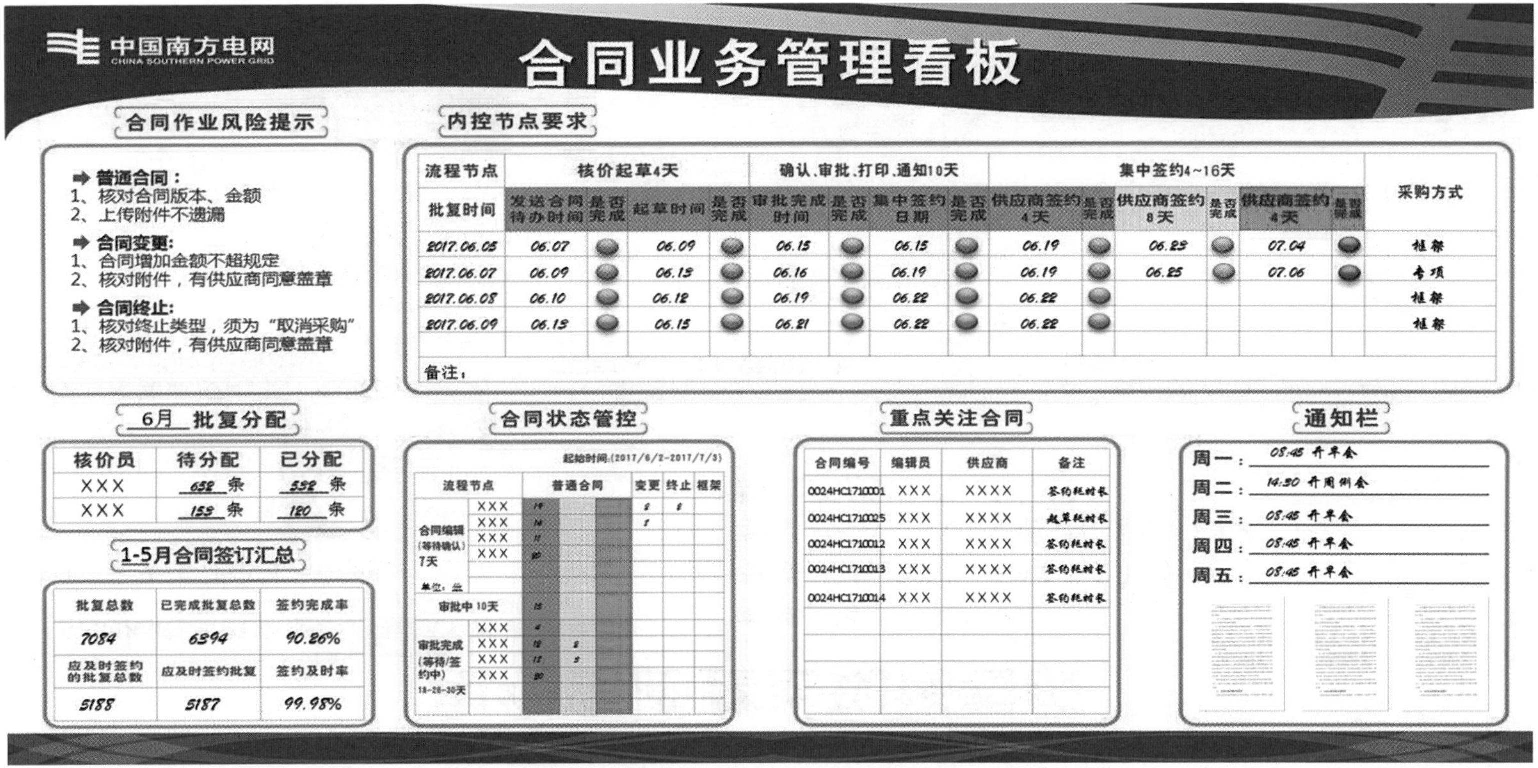

中国南方电网 CHINA SOUTHERN POWER GRID

合同业务管理看板

合同作业风险提示

普通合同：
1、核对合同版本、金额
2、上传附件不遗漏

合同变更：
1、合同增加金额不超规定
2、核对附件，有供应商同意盖章

合同终止：
1、核对终止类型，须为"取消采购"
2、核对附件，有供应商同意盖章

内控节点要求

流程节点	核价起草4天				确认、审批、打印、通知10天				集中签约4~16天						采购方式
批复时间	发送合同待办时间	是否完成	起草时间	是否完成	审批完成时间	是否完成	集中签约日期	是否完成	供应商签约4天	是否完成	供应商签约8天	是否完成	供应商签约4天	是否完成	
2017.06.05	06.07	●	06.09	●	06.15	●	06.15	●	06.19	●	06.23	●	07.04	●	框架
2017.06.07	06.09	●	06.13	●	06.16	●	06.19	●	06.19	●	06.25	●	07.06	●	专项
2017.06.08	06.10	●	06.12	●	06.19	●	06.22	●	06.22	●					框架
2017.06.09	06.13	●	06.15	●	06.21	●	06.22	●	06.22	●					框架

备注：

6月 批复分配

核价员	待分配	已分配
XXX	652 条	552 条
XXX	153 条	120 条

1-5月合同签订汇总

批复总数	已完成批复总数	签约完成率
7084	6394	90.26%
应及时签约的批复总数	应及时签约批复	签约及时率
5188	5187	99.98%

合同状态管控

起始时间：(2017/6/2-2017/7/3)

流程节点		普通合同	变更	终止	框架
合同编辑（等待确认）7天 单位：份	XXX	14	2	2	
	XXX	14	1		
	XXX	11			
	XXX	20			
审批中 10天		15			
审批完成（等待/签约中）18-26-30天	XXX	4			
	XXX	12	2		
	XXX	17	3		
	XXX	20			

重点关注合同

合同编号	编辑员	供应商	备注
0024HC1710001	XXX	XXXX	签约耗时长
0024HC1710025	XXX	XXXX	起草耗时长
0024HC1710012	XXX	XXXX	签约耗时长
0024HC1710013	XXX	XXXX	签约耗时长
0024HC1710014	XXX	XXXX	签约耗时长

通知栏

周一：08:45 开早会
周二：14:30 开周例会
周三：08:45 开早会
周四：08:45 开早会
周五：08:45 开早会

图 D.6　作业管理看板（设计单位：广州供电局物流服务中心）

电缆管廊整治现场看板

天河局电缆管廊整治方案标准改造指引

本路段名：燕岭路
电缆工井编号：6号~13号
涉及线路：10kV燕塘F11、F12、F16
整治采用方式：1 √　2 √　3 √　4 √　5 □　6 □　7 □

1. 扩大工井尺寸，增大施工空间

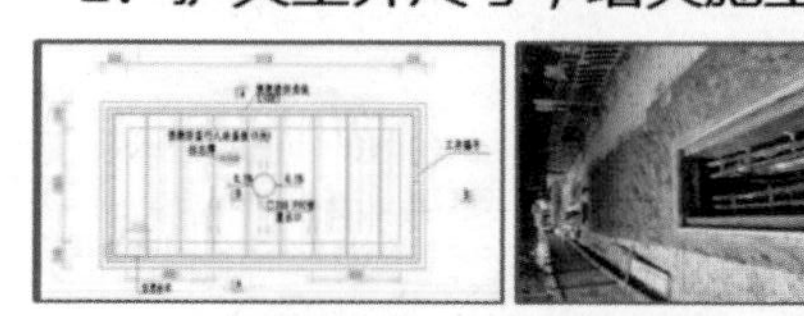

2. 修复剥皮电缆，电缆头加装防爆盒，消除设备隐患

3. 底部增设托架，扩充容量；电缆全部上架，规范放置

4. 新建光纤走廊迁改，接头盒规范放置，或套管隔离上架

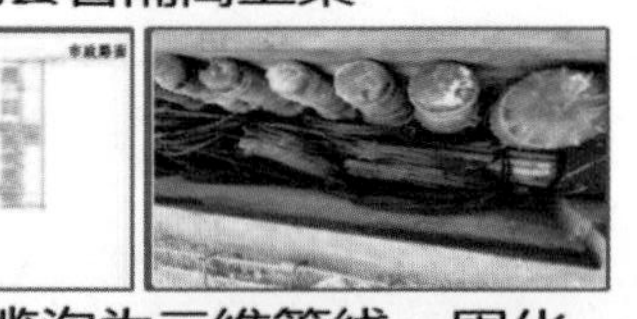

5. 改造电缆沟为三维管线，固化管容，规范放置

6. 增设防火墙、防火隔板及防盗报警器

7. 增设电缆标签，固化鉴缆成果

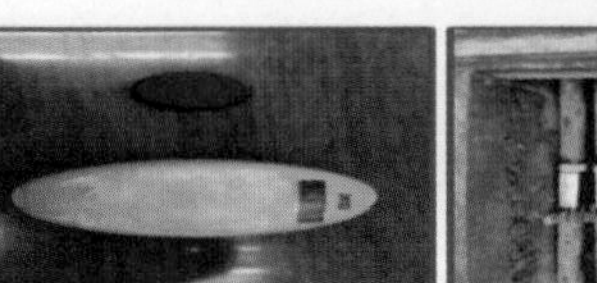

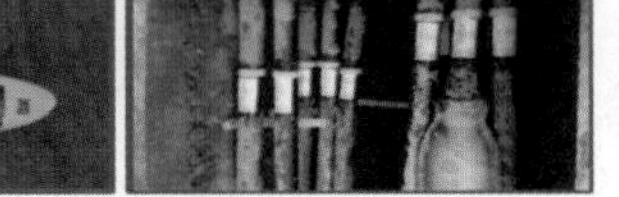

图 D.7　作业管理看板（设计单位：广州天河供电局）

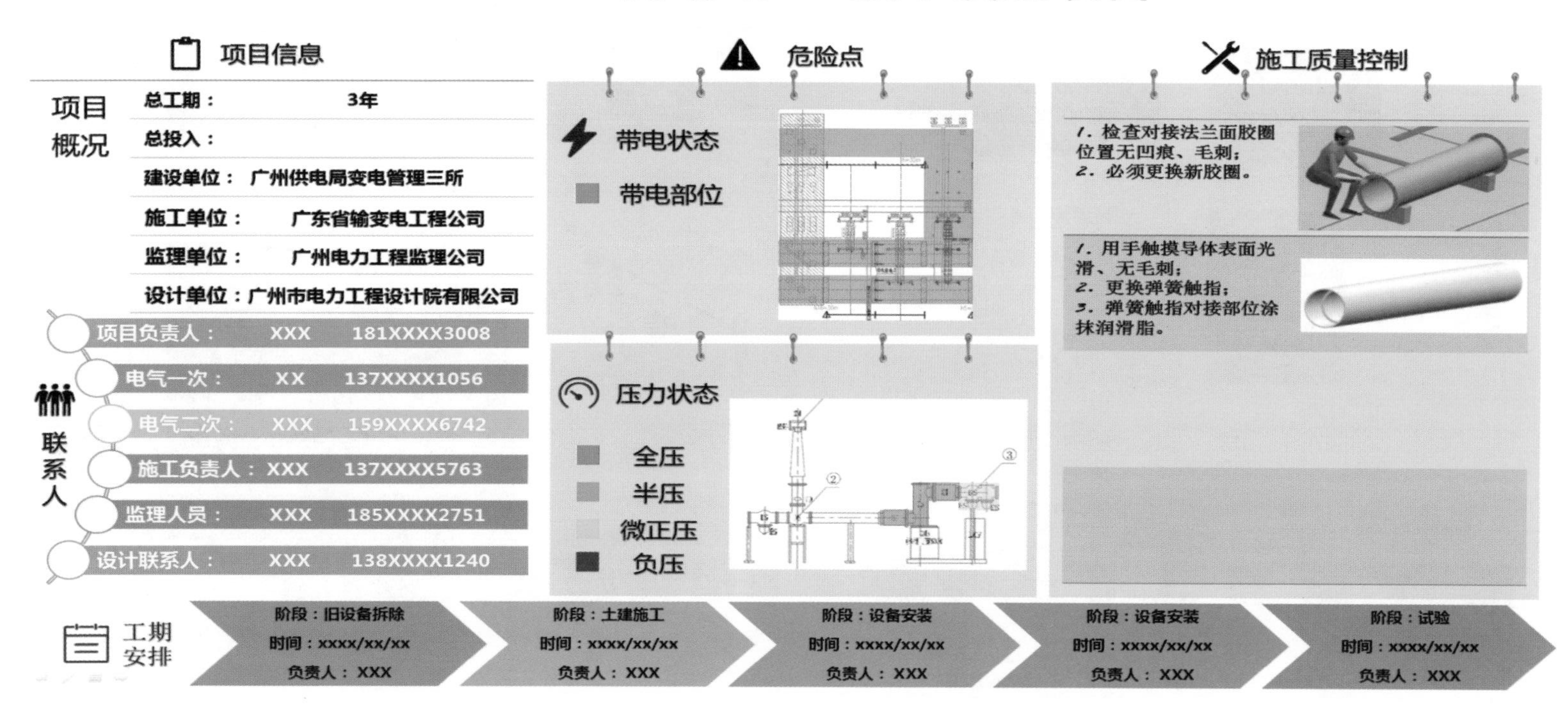

图 D.8 作业管理看板（设计单位：广州供电局变电管理三所）

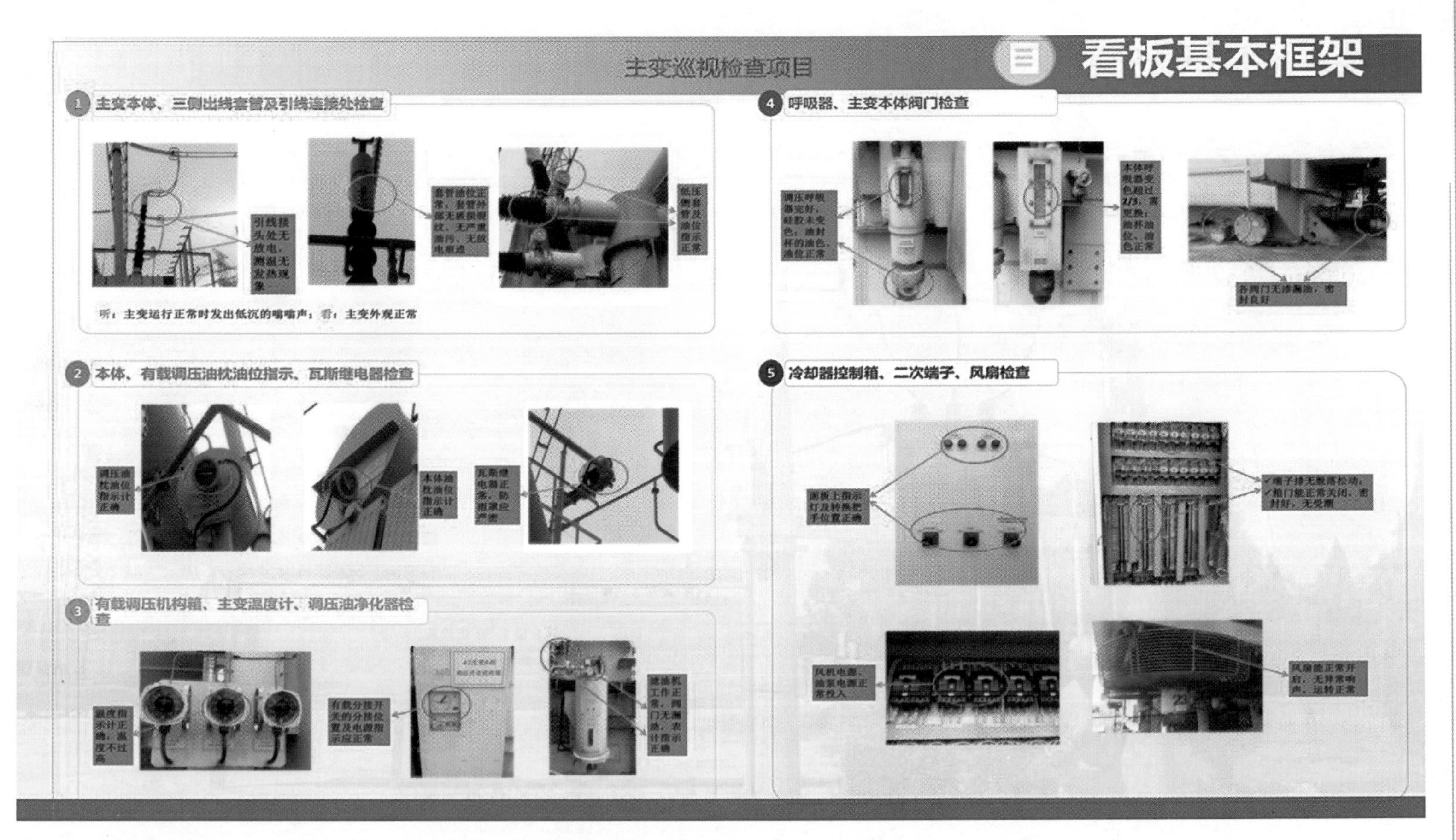

图 D.9　设备管理看板（设计单位：广州供电局变电管理三所）

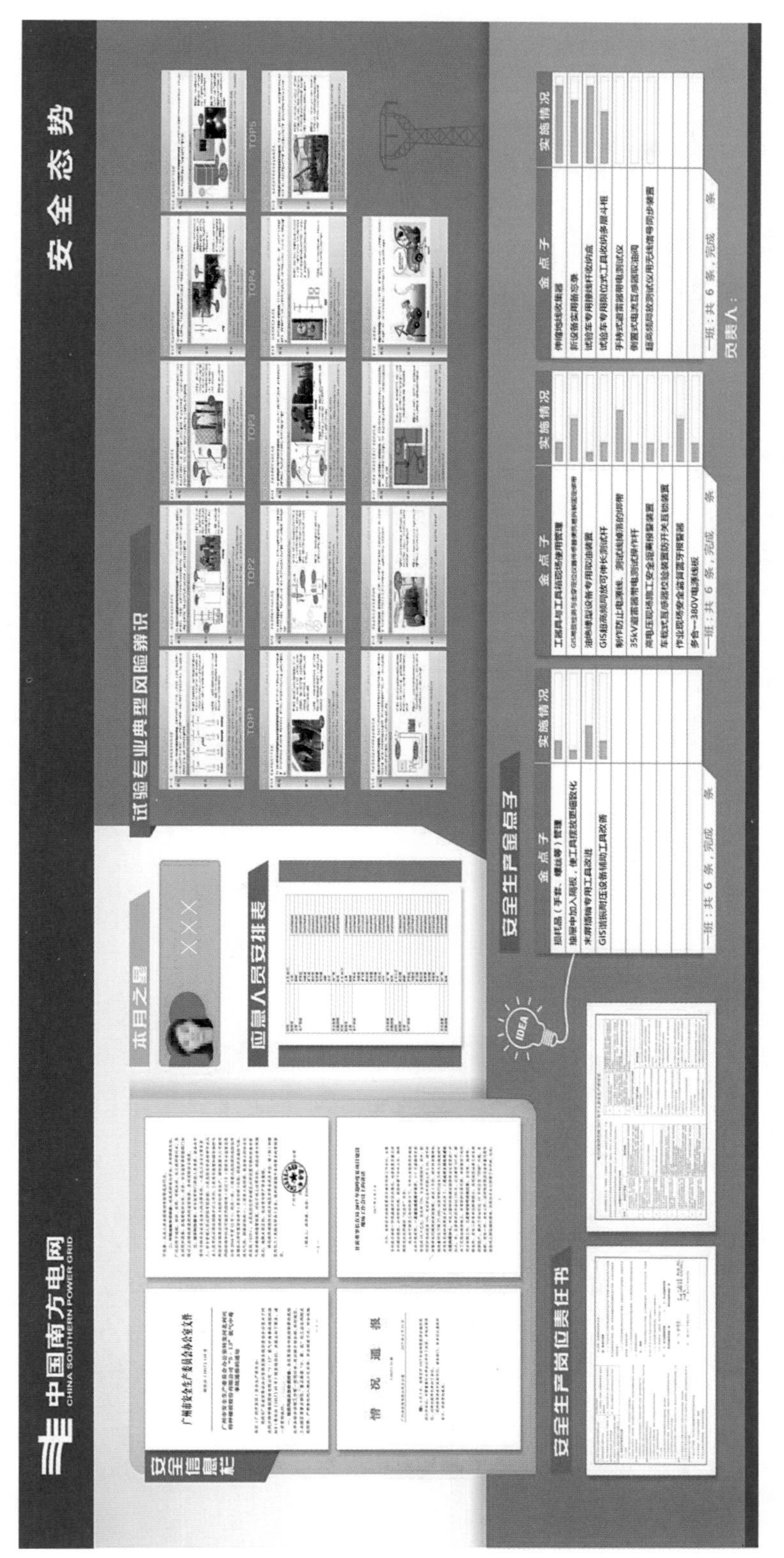

图 D.10　安全管理看板（设计单位：广州供电局电力试验研究院）

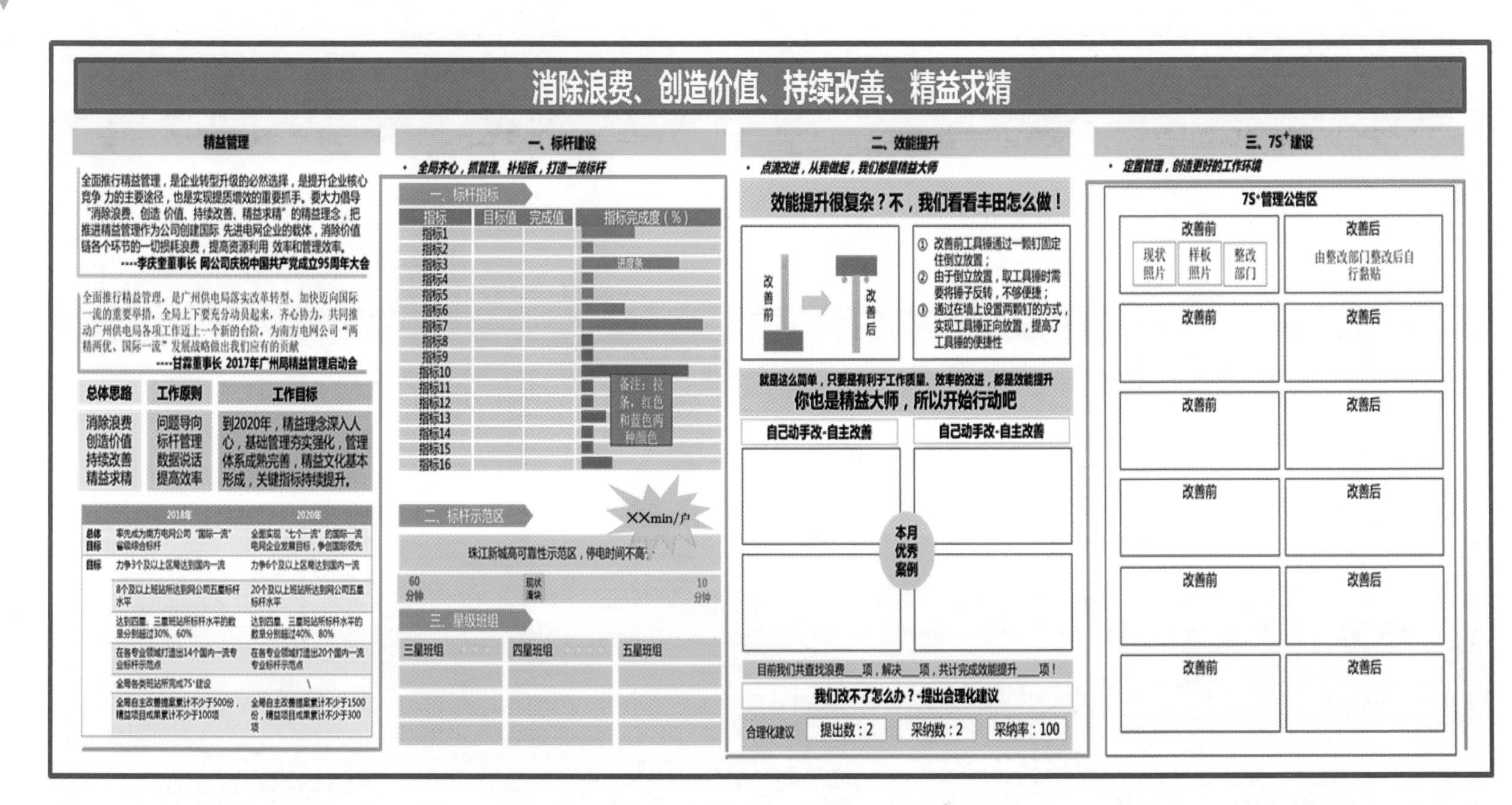

图 D.11 精益管理看板（设计单位：广州天河供电局）

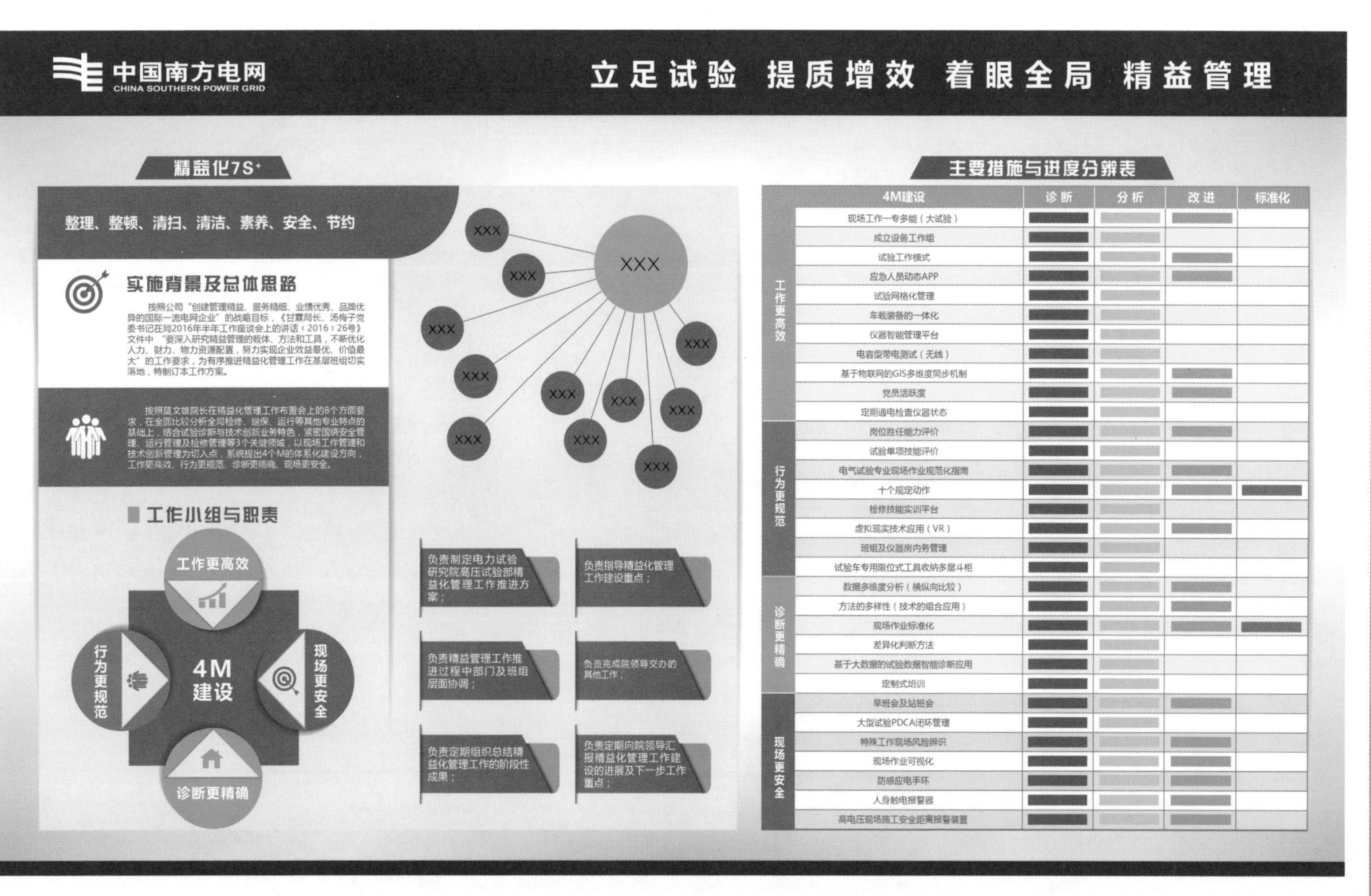

图 D.12　精益管理看板（设计单位：广州供电局电力试验研究院）